Yusuf Korkutata
Z. Fuat Toprak

Bilim Tarihindeki Kayıp Dâhi

Yusuf Korkutata
Z. Fuat Toprak

Bilim Tarihindeki Kayıp Dâhi

El-Cezeri

Türkiye Alim Kitapları

Impressum / Künye
Bibliografische Information der Deutschen Nationalbibliothek: Die Deutsche Nationalbibliothek verzeichnet diese Publikation in der Deutschen Nationalbibliografie; detaillierte bibliografische Daten sind im Internet über http://dnb.d-nb.de abrufbar.

Deutsche Nationalbibliothek tarafından yayınlanan bibliyografik bilgiler: Deutsche Nationalbibliothek, bu yayını Deutsche Nationalbibliografie'de listeler; detaylı bibliyografik bilgi İnternet'te http://dnb.d-nb.de sitesinde mevcuttur.

Coverbild / Kitap kapağı resmi: www.ingimage.com

Verlag / Yayıncı:
Türkiye Alim Kitapları
ist ein Imprint der / yayınevinin bir ticari markasıdır
OmniScriptum GmbH & Co. KG
Bahnhofstraße 28, 66111 Saarbrücken, Deutschland / Almanya
Email / E-posta: info@omniscriptum.com

Herstellung: siehe letzte Seite /
Basım yeri: son sayfaya bakın
ISBN: 978-3-639-67145-2

Önsöz

El-Cezeri'yi ilk olarak 2010 yılında Dicle Üniversitesinde yüksek lisans yaparken, danışman hocam Dr. Z. Fuat TOPRAK ile tanıdım. Kendisi El-Cezeri'yi bana tanıttıktan sonra, tezimi El-Cezeri üzerine yapmamı önerince, ben de El-Cezeri'yi ve yapmış olduğu çalışmaları incelemeye başladım. Literatürü taradıkça, konu oldukça ilgimi çekti ve böyle bir bilim insanını bugüne kadar tanımadığıma, bugüne kadar yöremizde yetişmiş ve değerli hizmetlere imza atmış bu değerli bilim insanının ülkemizde yeterince bilinmemesine çok üzüldüm. Bu nedenle Hocamın teklifini memnuniyyetle kabul ederek "El-Cezeri" konulu yüksek lisans tezime başladım.

Bu kitap; "El-Cezeri'nin Hayatı ve Terazili Sürekli Çalan Flüt" adlı tez çalışmamın, yayıncının teklifi üzerine yeniden derlenip, güncellenmesi, gözden kaçan eksiklik ve hataların giderilmesi, yeni ilavelerin eklenmesi sonucu oluşmuştur. Kitap hazırlanırken alıntıların orjinallerine sadık kalınmaya çalışılmıştır. Ayrıca kitapta, El-Cezeri'nin orijinal çizimlerinin yanına kendi çizimlerimiz de eklenmiştir.

Bu çalışmanın amacını; çağımızdan yüzyıllar önce yaşamış yöremizin bu değerli bilim insanını ulusal ve uluslararası literatürde hak ettiği yere oturtmak, günümüz bilim insanına ve gelecek nesillere tanıtılmasına katkı sunmak, konuya ilgi duyanlarda ve özellikle gençlerde yeni ufukların açılmasına yardımcı olmak, konuya ilişkin bilim tarihi ve basılı referansları ve bu referanslarda yer alan bazı bilgileri tartışmaya açarak en doğru bilgileri okuyucunun takdirine sunmak şeklinde özetleyebiliriz.

Kitap beş bölümde ele alınmıştır. Giriş bölümünde, El-Cezeri'nin hangi alanlarda çalışmalar yaptığı ve çalışmalarının neleri kapsadığı, gerek El Cezeri gerek se O'nun çalışmaları üzerinde yapılan akademik çalışmalar üzerinde durulmuştur. Böylece kitabın amacı hakkında kısaca bilgi verilmiştir.

İkinci bölümde, El-Cezeri'nin hayatı ve yaşadığı dönem ve yöre ile ilgili ayrıntılı bilgi sunulmuştur.

Üçüncü bölümde, diğer bilim insanlarının El-Cezeri ve çalışmaları ile ilgili detaylı literatür çalışmasına yer verilmiştir.

Dördüncü bölümde, El-Cezeri'nin çalışmalarına teknik detaylarına girilmeksizin yer verilmiştir.

Beşinci bölümde ise, çalışmadan elde edilen sonuçlar sunulmuş ve önerilerde bulunulmuştur.

Yüksek lisans öğrenimim boyunca, engin bilgi ve deneyimleri ile bana yol gösteren, gerek tez çalışmam sırasında, gerekse bu kitabın hazırlanmasında yaptığı katkı ve ayırdığı zamandan dolayı tez danışmanım Dr. Z. Fuat TOPRAK'a ve bu kitabı hazırlamamda bana yardımcı olan değerli hocam Dr. İdris BEDİRHANOĞLU'na teşekkürü bir borç bilir, saygılarımı sunarım.

Bu kitabı, gelecek nesillerin El-Cezeri'yi kendilerine örnek almaları dileğiyle geleceğin bilim insanlarına atfediyorum.

Yusuf KORKUTATA

17 Kasım 2016

İÇİNDEKİLER

1. Giriş

El-Cezeri (İngilizce: Al-Jazari ve Arapça: الجزري), tam adıyla Ebû'l-'İzz İsma'il b. er-Razzâz El-Cezeri (أبـو الـعز إسـماعيل بْن الرّزا ز الجـزري , Abū al-'Iz Ismā'īl Ibn al-Razzāz al-Jazarī) olup, bu çalışmada bundan sonra "El-Cezeri" olarak anılmıştır. El-Cezeri; en çok Sibernetik alanında yaptığı çalışmalar ve icatlarla tanınmakla birlikte, yaptığı çalışmalarda su ve hava gücünü kullanması nedeniyle günümüz tabiri ile hem su yapıları mühendisi hem de makine mühendisi olarak da anılmasının uygun olacağı düşünülmektedir.

Yapılan literatür çalışmasında; sibernetik bilimi ile ilk ilgilenen, bu bilimin temellerini ilk ortaya atan veya bu bilimin kurucuları arasında anılan kişilerin kaynaktan kaynağa farklılık gösterdiği görülmüştür. Bunların arasında en çok ismi geçenlerin El-Cezeri, Roger Bacon, Leonardo da Vinci, Renė Descartes, Blaise Pascal, Gottfried Leibniz, André-Marie Ampère, Norbert Wiener, Ross Ashby olduğu görülmektedir.

El-Cezeri'nin çalışmalarının, Sibernetik bilimi konusunda olup olmadığına, bu bilimin kurucusunun El-Cezeri mi yoksa diğer bilim insanlarından biri mi olduğuna okuyucu bu çalışmanın sonucunda rahatlıkla karar verebilecektir.

Öncelikle El-Cezeri'nin yaptığı araçları da kapsayan Sibernetik bilimi hakkında kısaca bir bilgi verelim. *Sibernetik* (Yunanca kybernétes: "dümenci") veya güdüm bilimi; canlı ve cansız tüm karmaşık sistemlerin denetlenmesi ve yönetilmesini inceleyen bilim dalıdır (Temel Britannica 1993). Başka bir ifade ile *Sibernetik*; haberleşme, denge kurma ve ayarlama bilimidir. İnsanlarda ve makinelerde bilgi alışverişini, kontrolünü ve denge durumunu inceler. Sibernetiğin makineleri; dişliler, mandallar, palangalar ve kaldıraçlardan oluşmaktadır. Bu bilim, zamanla gelişerek bugün hayatımızın vazgeçilmezleri arasına giren bilgisayarların ortaya çıkmasına imkân tanımıştır.

Sibernetik terimi ilk olarak Fransız matematikçi ve fizikçi André-Marie Ampère tarafından kullanılmıştır. Terim, Amperè'nin 1834 yılında yönetim bilimlerini konu alan "*Essai Sur La Philosophie Des Sciences*" isimli eserinde yer almıştır.

Sibernetik kavramı, 1940'ların başında Norbert Wiener'in yaptığı uçaksavar çalışmaları ile oluşmuştur. Dünyaya bu kavram 1948 yılında "Hayvanlarda ve Makinelerde Sibernetik veya Kontrol ve İletişim" kitabı aracılığı ile yayınlanmıştır. Yunanca "kubernetike" (dümenci sanatı) kelimesinden esinlenerek oluşturulan sibernetik kelimesi, teknik cihazlarda, yaşam formlarında ve hatta halkalarda sinyal iletimi ve ayarlama yapılma teorisini içermektedir. Sibernetik kelimesi Ampere'in 1834 yılında yönetme sanatı anlamında kullandığı "cybernétique" kelimesine de çağrışım yapmaktadır. Bu kelime ayrıca hali hazırda olan ve Plato tarafından gemi kaptanı anlamında kullanılan bir kelimedir.

Sibernetik kavramında iki temel düşünce vardır. Bunlardan birincisi, sistemin kararlı hale gelmesini sağlayan negatif geri besleme düşüncesidir. İkincisi ise, canlı veya cansız sistemlerde kompleks bir sistemin bütün parçalarının birleştirilmesine yardımcı olan bilgi transferidir.

Modern sibernetiğin kurucuları arasında gösterilen Amerikalı matematikçi ve felsefeci Norbert Wiener, sibernetiği insan ve hayvanlarda kontrol ve iletişimi konu alan çalışma alanı olarak tanımlamıştır (elekritik.blogspot.com.tr/2011/05/norbert-wiener-sibernetigin-babas.html).

13. yüzyılda yaşamış olan El-Cezeri'nin yaşadığı dönemde bir robot yaparak Artuklu hükümdarına takdim ettiği bilinmektedir. Otomatik olarak

çalışan ve kendi kendine bazı hareketler yapan bu aletin, dünya tarihinin ilk robotu olduğu iddia edilmektedir. Yönetmenliğini Duygu Yılmaz'ın yaptığı "El-Cezeri" belgeselinde Yavuz Unat'la yapılan röportajda Unat'ın "*.... kralın eline su döken ve suyu döktükten sonra diğer eliyle havlu uzatan bir robot. İşleme prensibi tamamen su, hava ve denge prensibine dayanıyor. Ama günümüzde robotun ilk biçimi olarak tanımlayabileceğimiz bir araç. Bu bakımdan robot tarihi açısından da El-Cezeri büyük önem taşıyor*" ifadeleri bu bilgiyi teyit etmektedir (Unat, 2007). Ancak, bu kitabın hazırlanması sırasında yapılan literatür çalışmasında El-Cezeri'den önce de daha basit araçlar yapıldığı ama bunların El-Cezeri'ninkinin seviyesinde olmadığı bilgisine ulaşılmış ve bu bilgilere kitabın ilerleyen bölümlerinde değinilmiştir. Ayrıca krank milini de kullanarak derin olmayan göllerden ve ırmaklardan suyu çıkaran araçlar yaptığı, El-Cezeri'nin çalışmalarından rahatlıkla görülmektedir (Tekeli ve ark. 2002). El-Cezeri'nin gerek sibernetik alanında gerekse diğer alanlarda ürettiği makinelerine (ki bunların büyük bir çoğunluğu su ile çalışan veya hidrolik alanında kullanılan alet ve makinelerdir) kitabın ilgili bölümlerinde detayları ile yer verilmiştir.

Burada özellikle sibernetik biliminin ve krank milinin öncülerinin belirlenmesi açısından El-Cezeri'nin bu alandaki çalışmalarından söz edilmiştir. Bu alanlarda çalışmalar yapan Roger Bacon (1214-1294), Leonardo da Vinci (1452 - 1519), Renė Descartes (1596-1650), Blaise Pascal (1623-1662), Gottfried Leibniz (1646-1716), André-Marie Ampère (1775–1836), Norbert Wiener (1894-1964), Ross Ashby (1903-1972) gibi bilim adamları 13. yüzyıl ile 20. yüzyıl arasında yaşamışlardır. Oysa El-Cezeri bunların hepsinden önce 1153-1233 yılları arasında yaşamıştır. Kitabın akışında ayrıca yer verileceği üzere, El-Cezeri'nin; hem sibernetik biliminin kurucusu hem de krank mili ve çark gibi önemli aletleri ilk kullanan kişi olduğu söylenebilir.

El-Cezeri, sadece otomatik sistem kurmakla yetinmeyip, otomatik olarak çalışan sistemler arasında denge kurmayı da başarmıştır. Aradan 800 yıl gibi bir zaman geçtikten sonra sibernetiğin babalarından sayılan İngiliz Nöroloji Profesörü Dr. Ross Ashby, ancak 1951'de "Üstün Denge Durumu"nu ortaya atabilmiştir. Ve ancak ilk defa o zaman otomatik olarak işleyen sistemlerin üstünde bunları kontrol eden sistemlerden söz edebilmiştir. Her ne kadar Fransızlar, sibernetik ve elektronik sistemin Descartes (1596-1650) ve Pascal'la (1623-1662), Almanlar Leibniz'le (1646-1716), İngilizler de Roger Bacon'la (1214-1294) başladığını söylerlerse de, gerçekte El-Cezeri, bu fikri, ilim dünyasına takdim eden ve gerçekleştiren ilk bilgin olarak karşımıza çıkmaktadır.

El-Cezeri; robotlar, saatler, su makineleri, şifreli kilitler, kasalar, termos, otomatik çocuk oyuncakları, otomatik yüzen kayık ve su tulumbaları gibi çok sayıda buluşa imza atmıştır. Dolayısıyla El-Cezeri; birçok kaynakta sibernetiğin öncüsü, krank milinin, otomasyon ve robotik sistemlerin mucidi olarak anılmaktadır. Şen'in (2002), "*16. asır başında ilk kullanıma giren buhar makineleri ile 19. asır sonlarında ilk kullanıma giren pistonlu motor krank-biyel ve piston-silindir cihazları bundan 800 sene evvel El-Cezeri tarafından tasarlanıp yapılmıştır*" ifadeleri ile, Kumar'ın (2010), "*.... robotlardan ilk olarak Yunanlılar tarafından söz edilmiş, El-Cezeri tarafından 13. yüzyılda tasvir edilmiş ve 15. yüzyılda Leonardo da Vinci tarafından çizimi tasarlanmıştır*" ifadeleri ve Unat'ın (2007), "*....Tarihte sibernetiğin kurucusu ünvanını ve ilk otomatik sistemleri ortaya koyma onurunu alan El-Cezeri*" ifadeleri bu tezi doğrulamaktadır. Diğer taraftan yukarıda belirtildiği gibi Kumar (2010),

"...15. yüzyılda Leonardo da Vinci tarafından çizimi tasarlanmıştır" şeklinde bir ifade kullanmaktadır. Oysa, El Cezeri'nin aynı zamanda bu tasarımlarını çizime de döktüğü kendi kitabından rahatlıkla anlaşılmaktadır (El-Cezeri 1206).

Ancak El-Cezeri'nin yaptığı bu çalışmalar mucitliğin yanısıra birer mühendislik çalışmasının ürünü olduğu için El-Cezeri'ye mühendis demek daha uygun olacaktır. Hatta bu çalışmalar birden fazla mühendislik dalını kapsayan çalışmalardır.

El-Cezeri üzerine uluslararası düzeyde çok sayıda çalışma yapılmış ise de aynı şey ulusal düzeyde yapılan çalışmalar için tam olarak söylenemez. Nitekim El-Cezeri'ye ilişkin ulusal düzeyde Konyalı (1969), Akman (1973), Bir (1977), Şen (2002), Tekeli ve ark. (2002), Unat (2002), Uzun (2011), Yaşın (2012) gibi çok sınırlı sayıda çalışmaya ulaşılabilmiştir. Ancak son zamanlarda yapılan etkinlik ve çalışmalarla El-Cezeri'ye olan ilgi ve merakın her geçen gün arttığı rahatlıkla söylenebilir. El-Cezeri ile ilgili mevcut literatürde yer alan bilgilerin bir kısmı tekrar niteliğinde olup, sağlıklı sayılamayacak referanslardan oluşmaktadır. Birbiri ile çelişkili bilgilere bu referanslarda yer yer rastlanmaktadır. Bu nedenle konuya ilişkin literatür üzerinde bir değerlendirme yapmak büyük bir gerekliliktir. Bu kitapta; El-Cezeri üzerinde yapılan çalışmalar özetlenmiş, tartışılmış ve genel bir değerlendirilmesi yapılmıştır. Böylece bu dahi bilim insanı daha doğru bir şekilde sonraki nesillere aktarılmış olacak ve hakkındaki bilgiler daha doğru ve güvenilir bir şekilde literatüre kazandırılmış olacaktır.

Bu kitabın amacı; El-Cezeri'nin, ulusal ve uluslararası literatürde hak ettiği yeri bulmasına az da olsa katkı sunmak, ayrıca konuya ilişkin bilim tarihi ve basılı referansları ve bu referanslarda yer alan bazı bilgileri tartışmaya açarak El-Cezeri hakkında okuyucunun kafasında varsa çelişkili ve gerçeklerden uzak bazı bilgileri bir nebze gidermek, El-Cezeri'nin icatlarının genellikle su ile çalışması ya da su temininde kullanılması nedeniyle O'nu sibernetik alanının dışında hidrolik alanında da tanıtmaktır.

2. El-Cezeri'nin Hayatı

Bu bölümde, öncelikle El-Cezeri'nin doğduğu, yaşamış olduğu ve çalışmalarını yürüttüğü coğrafi bölge ve o bölgede, o zaman hükümdarlık süren Artukoğulları hakkında kısaca bir bilgi verilecektir. Konu ile ilgili sinema tarihçisi Oğuz Makal aşağıdaki bilgileri vermektedir (Makal 2007):

"*Bir zamanlar yaklaşık bin yıl önce Anadolu'nun bu topraklarında Artukoğulları hüküm sürüyordu. Artukoğulları Selçuklu ardılığı Anadolu Türk beyliklerindendir. Beyliğin kurucusu 1071 deki Malazgirt savaşına da katılan Kayı kabilesinden gelen Artuk bin Eksüb'dür. Artukoğulları üç ayrı merkezde Suriye ve Anadolu Selçukluları arasında tampon görevi üstlenmiş, 1232 yılında yine Anadolu Selçukluları tarafından ortadan kaldırılmış. Ama 200 yıllık bu kısa süreçte Hasankeyf, Mardin ve Diyarbakır'da önemli birbirinden değerli izler bırakmışlardır. Hasankeyf'in günümüze taşan kültürel ve tarihi zenginliğinin yaratılmasında Artukoğulları söz sahibi olmuştur. Hasankeyf'in parlak dönemi milattan sonra 1101 yılında Artuklular'ın burayı merkez edinmesi ile başladı. Selçuklu Sultanı Melikşah'ın komutanı Artuk'un oğlu Sökmen Hasankeyf'e yerleşerek Artuklular'ın temelini attı. Milattan sonra 1232 tarihine kadar burada ve Diyarbakır'da egemenlikleri devam etti. Artuklu hükümdarlarından Rükmeddin Davud Sökmen ve oğlu Fahrettin Karaaslan döneminde Hasankeyf'in mağmur bir kente dönüştüğü günümüze dek ulaşan eserlerden anlaşılmaktadır. Diyarbakır'ın Selahattin Eyyubi tarafından alınarak Hasankeyf Artuklular'ına hediye edilmesiyle, Artuklular Diyarbakır'a yerleşti. Artuklular, bu tarihten 1232'deki yıkılışlarına dek Hasankeyf'i temsilcileri vasıtasıyla Diyarbakır'dan yönetti.*

Mardin'in bugün de eşsizliği kabul edilen kültürel dokusunda Artukoğulları'nın önemli katkısı olmuştur. Mardin mimari, etnoğrafik, arkeolojik, tarihi ve görsel değerleriyle zamanın durduğu izlenimini veren Güneydoğu'nun şiirsel kentlerinden biridir. Kuruluş tarihi M.Ö. 4500'e dayanan bu kentte Sümerlerden, Perslere, Romalılardan, Selçuklulara kadar olduğu gibi Artuklular döneminde de birçok eser kazandırılmıştır.

Diyarbakır'ın göz alıcı coğrafyası yine Artukoğullar'ının yaptırdığı eserlerle bezenmiştir. Tarihin her döneminde büyük uygarlıkların merkezi olmuş Diyarbakır, M.S. 1183'ten başlayarak yaklaşık 50 yıl boyunca Artuklular'ın başkentiydi. Öncekiler gibi Artuklular da kentte kendi izlerini taşıyan önemli eserler bıraktı".

Makal (2007), belgeselde Artuklu tarihinden bahsettikten sonra, sözü Cizre ve El-Cezeri'ye şu şekilde getirmektedir. "*Cizre; aynı zamanda günümüz bilgisayarlarının temelini atmış, robot, saatler, su makineleri, şifreli kilitler, şifreli kasalar, termos, otomatik çocuk oyuncakları gibi 60 makinenin mucidi bir fen ve teknik adamının, Dünya'nın ilk sibernetik bilgini sayılan El-Cezeri'nin de yaşadığı kenttir*". Burada Makal'ın El-Cezeri'den bahsederken Dünya'nın ilk sibernetik bilgini ifadesini kullanması dikkatleri çekmesinin yanısıra, bunun takdire şayan bir tespit olduğu söylenebilir.

El Cezeri'nin tam ismi, Arap kaynaklarında Ebû'l-'İzz İsma'il b. er-Razzâz El-Cezerî (أبـو العـز إسـماعيل بْن الرّزا ز الجـزري), İngilizce ve benzeri batı dillerinde, Abū al-'Iz Ismâ'îl Ibn al-Razzâz al-Jazarî olarak anılmaktadır. Kısa künyesi ise Arapça'da الجزري, İngilizce ve benzeri batı dillerinde kısaca El-Cezeri / al-Jazari / al Jasari / Cazari / Gazari olarak bilinmektedir. Yaşadığı bölgede (Kürtler arasında) ise "Ebul-Îzzê Cizziri" olarak meşhurdur. Bu çalışmada bundan sonra "El-Cezeri" olarak anılmıştır. Bu büyük mucidin, doğum ve ölüm tarihlerine ilişkin iki farklı rivayet mevcuttur. Bunlardan birincisi El Cezeri'nin 1136-1206, ikincisi ise 1153-1233 (Hicri, 548-630) yılları arasında yaşadığı şeklindedir. Son kaynakta verilen Miladi tarihler aynı kaynakta verilen Hicri tarihler ile uyuşmaktadır (Korkutata ve Toprak 2013). Bu nedenle ikinci rivayet genel kabul görmektedir. El-Cezeri 1153 yılında Cizre'nin Dağkapı (Tor) mahallesinde doğmuştur (Korkutata 2012). Nitekim aşağıda detayı verilen Yaşın (2007) ve Makal (2007) da bu bilgileri doğrulamaktadır.

Korkutata (2012) ve Toprak ve diğ. (2013), sibernetik alanının en büyük dâhisi kabul edilen, fizikçi, robot ve matris ustası olan El-Cezeri'nin 1233 yılında Cizre'de vefat ettiği; mezarının, Cizre'deki Nuh Peygamber Camiinin avlusunda bulunduğunu belirtmektedirler (Şekil 1).

Şekil 1. El Cezeri'nin Mezarı, 2004 (Foto: İdris Bedirhanoğlu)

El-Cezeri genellikle Melayê Ciziri ile karıştırılmaktadır. Ancak başka bir ünlü Kürt düşünür, bilim insanı ve şairi olan Melayê Ciziri'nin (Ahmed-i Cezerî) 16. yüzyılın ortalarında yaşadığı bilinmektedir (Şekil 2). O da Cizre'de doğmuş ve Diyarbakır'da da bir müddet yaşamıştır. Karıştırılması bu nedenledir (Korkutata ve Toprak 2013, Toprak ve diğ., 2013). Öğrenimini Camia'da (Şekil 3) tamamlayan El-Cezeri, burada fizik ve sibernetik alanlarında yoğunlaşmış ve halen kullanılmakta olan ve aşılmamış onlarca buluşa imza atmıştır (Korkutata 2012).

Şekil 2. Ahmed-i Cezerî (http://elcezeri1136.blogspot.com.tr/)

Şekil 3. Medresa Sor (Foto: İdris Bedirhanoğlu, 2004)

13. yüzyılda Mezopotamya'da yaşamış olan, Sarton'un (1927) ifadesi ile "Bedî'ûz-Zamân Ebû'l-'İzz İsma'il b. er-Razzâz El-Cezeri" Mezopotamyalı, eski deyimi ile Cezire'li yeni ismi ile Cizreli'dir. Mevcut literatürde çocukluk dönemine ilişkin detaylı bir bilgiye rastlanmamıştır. Kitabının girişinde söylediklerinin dışında hayatına ilişkin olarak literatürde yer alan bilgiler genellikle tekrar niteliğindedir. Ayrıca bazı bilgiler de referanstan referansa farklılık göstermektedir. Kitabından

anlaşıldığı kadarıyla, H. 577 (M. 1181)'den başlamak üzere yirmi beş yıl, Diyarbekir (günümüz Diyarbakır) Sultanı El-Salîh Nâsîrüddîn Ebû'l-Feth Mahmûd bin Muhammed bin Karaaslan bin Davûd ibn Sukmân bin Artuk'un, daha önce de babasının ve kardeşinin hizmetinde bulunmuştur.

El-Cezeri'nin hayatıyla ilgili olarak Makal (2007), şu ifadeleri kullanmaktadır. "*Artukoğullar'ına 32 yıl hizmet eden El-Cezeri Artuklu sarayında çalışmış bir mühendis ve bilim adamı, teknoloji yaratıcısıdır. El-Cezeri Cizre'de 1153 yılında doğdu. Babasının koyduğu İsmail adına şeref, onur anlamında Ebu'l-İz lakabı eklendi. Cizre'li olduğu için El-Cezeri olarak adlandırıldı. Eşsiz bir mucit, mühendis, bilim adamı kişiliği nedeniyle zamanın güzeli anlamında "Bediüzzaman" da denildi. Batı dünyası O'nu Cezeri, Cazari, Gazari adlarıyla tanıdı*".

El-Cezeri'nin hayatıyla ilgili en ayrıtılı bilgileri Cizreli olan, kendini Cizre ve El-Cezeri'nin tanıtımına adayan ve halen orada yaşamakta olan araştırmacı-yazar Abdullah Yaşın vermektedir. Yaşın (2007); "*El-Cezeri, 1153 yılında Cizre Dağkapı mahallesinde doğdu. Kendisi ilköğrenimini burada gördü. Arapça'yı, Farsça'yı, Osmanlıca'yı ve Latince'yi Cizre'de öğrendi. Cizre o zaman Zengiler hâkimiyeti altındaydı. O zamanki Zengi hâkimi Sercerşah hep savaşlarla ilgileniyordu ve çok fazla paraya ihtiyacı vardı. Bu yüzden El-Cezeri bu eserlerinden çok kazandığı için O'ndan fazla miktarda vergi alıyordu. Bu yüzden o zaman Cizre'yi terk edip Diyarbakır Artuklu Sultanı Mahmut Karaaslan'ın yanına gitti ve orada çok büyük bir ilgi gördü. Sarayın baş sanatkârı oldu. "Hayal Âleminin Sanatları" adlı bir kitap yazdı. Bu eserinden bir tanesini Abbasi Devleti'nin Sultan'ına gönderdi. Ancak 1258 yılında Hüdagu'nün Bağdat'ı işgal edip bütün kütüphaneyi Dicle'ye dökmesiyle ana kitap gitti*". Yaşın'ın bahsettiği ve El-Cezeri'ye ait olduğunu iddia ettiği "Hayal Âleminin Sanatları" adlı eserine, yapılan literatür çalışmasında başka bir yerde rastlanmamıştır. Bu kitaba sadece Yaşın'ın değinmesi ve bu bilgiyi vermesi dikkat çekilecek bir husustur. Kitabın günümüze taşınamamış olması nedeniyle, literatüre girmemiş olması muhtemeldir.

Yaşın'ın El-Cezeri ile ilgili şu ifadeleri; "*Cizreli büyük Kürt mucit, bilgisayarların ve komputürün temellerini atan âlim, fen ve teknik adamı, robot, saatler, su makineleri, şifreli kilitler, şifreli kasalar, termos, otomatik çocuk oyuncakları gibi 60 makinenin mucidi ve dünyanın ilk sibernetik bilgini*" oldukça dikkat çekicidir (Yaşın 2012).

Ayrıca Yaşın, El-Cezeri'nin çalışmaları ve hayatı ile ilgili şunları da söylemektedir. "*El-Cezeri, sibernetikteki denge durumu ya da, elektronikteki ayarlama sistemlerine el atmış ve başarı ile uygulamıştır. Çok çeşitli makineler yapmış ve her bir makinesinde ayrı bir denge durumunu kurmuştur. Bazı şekillerinde hidro-mekanik tesirler ele alınmasına rağmen, bir diğer şekilde hidro-mekanik güçten yararlanarak, şamandıra ve palangalar arasında "Karşılıklı etkide bulunma" gibi ilginç düzenler, otomatik sistemler kurmuştur. Sonuç olarak El-Cezeri Otomatik Kontrol Biliminin en zirvesinde dünyanın kabul ettiği âlim, deha ve erişilmez bir Kürt mucididir. 'El-Cami' Beyne'l-İlm Ve'l Amel En-Nafi' Fi Es-Sınaâti'l-Hiyel' adlı eseri akıllara durgunluk veren ve insanları hayrette bırakan bir eserdir. Kitaptaki yazı, şekil ve resimler kendisi tarafından yapılmıştır. El-Cezeri anadili Kürtçe dışında, Türkçe, Arapça, Farsça ve Latince biliyordu. Kitabında Latince kodlamalar yapmıştır ve ayrıca kendinden önceki Yunan bilginlerine referans vermiştir. Cizre'de Zengi Beyi Ebul Kasım Mahmud Sencerşah (1162-1170) döneminde Cizre Ulucami kapısı ile kapı tokmakları olan ejderleri yapmıştır. Sencerşah'ın ölümünden sonra yerine geçen Seyfeddin Gazi b. Kutbeddin Zengi işi gücü savaş olan birisiydi. Ebul-İz'den de, aşırı vergi almakta idi. Bu yüzden Seyfettin Gazi b.Kutbeddin Mevdud b. Zengi döneminde (sal.1170-1181) 1174 yılında El-Cezeri Diyarbakır'a gidip bu sefer Artukluların sarayına geçti. Diyarbakır'da bulunduğu sırada Ulu Camiindeki taş saati yapmıştır. Artuklu sultanı Karaaslan ve torunu ve Ebul Feth Nasıruddin Mahmud'a (Sal: 1200-1222) 25 yıl hizmet yaptıktan sonra, Cizre'ye dönmüş ve Cizre'de ölmüştür*".

Unat (2002) de, "*Kitabından öğrendiğimize göre, H. 577 (M. 1181)'den başlamak üzere yirmi beş yıl, Diyarbekir (günümüz Diyarbakır) Sultanı El-Salîh Nâsîrüddîn Ebû'l-Feth Mahmûd bin Muhammed bin Karaaslan bin Davûd ibn Sukmân bin Artuk'un (1200-1222), daha önce de babasının ve kardeşinin hizmetinde bulunmuştur*" ifadeleriyle Yaşın'ın son cümlesini teyit etmektedir.

Yaşın'ın aktardığına göre; "*Cizreliler Ebul-İz ve amcası oğlu Hasan ibn Ali Ebul-İz'i bir saygı ifadesi olarak Cizre mezarlığına gömmeyerek, Nuh Peygamber (as) Camii avlusuna gömerek üzerlerine kubbe yapmışlardır. 1970 yılına kadar kubbesinin iki duvarı vardı. Kubbesinin kuzey ve doğu duvarları ayakta olup, kapısı doğu duvarına yapışık şekilde kalmıştı. Bu duvarlar ve kubbesinin panjurları yıktırılıp maalesef göğsü üzerine havuz yaptılar. Zamanın yazar ve imamlarından rahmetli Hanizade Mella Abdurrahim Yaşın, 1955 yılında S. Kadri Haşimi büyük bir toplulukla otururken ondan izin alarak bu yıkık kubbede gömülü olan zatları tespit etmek istediğini söyler. Yapılan kazıda da iki siyah renkli mezar taşları çıkmıştır. Üzerinde "Reisulamal Ebul-İz İsmail bin Rezzaz El Cezeri" ibaresi vardı. Mezarının orda olduğunu o zaman orda hazır olan Mella Abdurrahim, Bahir Haşimi, Çaçan Özkurt gibi nice kişiler bilmektedir. Üzerinde tarih ve isim yazılı olan kendisinin ve amcasının oğlunun mezar taşları 1965'ten sonra kaçırılmıştır. Üzerinde "Ebul-İz" yazılı tarihsiz amcasının oğlunun siyah mezar taşı kalmış ve onu da önce Nuh Peygamber kubbesinin içine ben ve Muhammet Göral Hoca içeri almıştık. 1996 yılında yeniden kubbesi yapılınca duvara monte edildi. İyi ki taşın üzerinde hala "Ebul-İz" belirgin bir şekilde okunuyor* (Şekil 4). *Yüce Allah (cc) Ebul-İz'in burada öldüğünün bir delili olarak bunu burada bıraktırmıştır"* (Yaşın 2012).

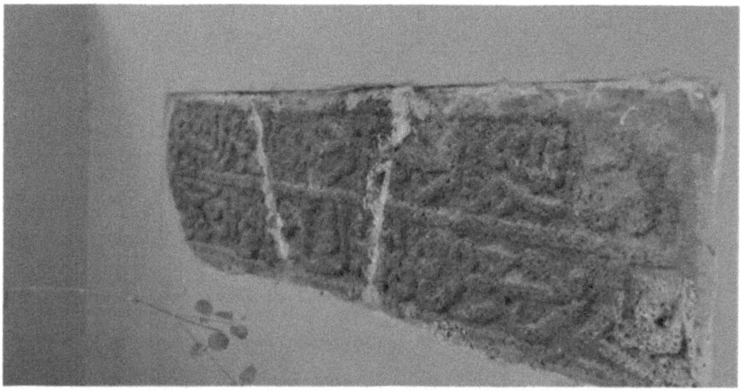

Şekil 4. Mezarının Yanındaki Taş (http://elcezeri1136.blogspot.com.tr/)

Yukarıda, Yaşın (2012)'de Diyarbakır Ulu Camii'ndeki taş saatin El-Cezeri tarafından yapıldığını belirtmektedir (Şekil 5). Konu ile ilgili aksi yönde görüş belirten bir literatüre rastlanmamıştır.

Şekil 5. D.bakır Ulucamii Taş Saati (http://elcezeri1136.blogspot.com.tr/)

Makal (2007)'da, "*El-Cezeri'nin yaptıkları ve kitabının önemi Cizre'liler tarafından anlaşılmış ve bu mühendisin anısını yaşatmak için okul ve müzeler açılmış. Yaşamın her alanında O'na ve eserlerine yer verilmiştir*" demektedir (Şekil 6-7).

Şekil 6. Aile Sağlığı Merkezi (http://elcezeri1136.blogspot.com.tr/)

Şekil 7. Adına Açılan İşyeri (http://elcezeri1136.blogspot.com.tr/)

Yaşın (2007)'ın, "*İlk defa 1980'de kendi sokağıma adını verdirdim* (El-Cezeri'nin) (Şekil 8). *1983 yılında Cizre'lilerle birlikte küçük bir mescitçik yaptık, ismini verdik, şu anda Diyanette Ebul-İz Cami olarak geçmektedir. Cizre'de bir okula isminin verilmesini Mardin İl Milli Eğitim Müdürlüğü kabul etti* (Şekil 9). *1995 yılında okul bünyesinde İsmail Ebu'l-*

İz El-Cezeri kütüphanesini açtık. 1996'da okul bünyesinde İsmail Ebu'l-İz El-Cezeri müzesini açtık. Daha sonra Cizre Kaymakamlığı bunların daha iyi muhafaza edilmesi için Cizre Belediyesinden 1917 yapımlı bu tarihi binayı istedi, halen bu binada biz eserlerimizi teşhir ediyoruz (Şekil 10)" ifadeleri Makal'ın (2007) yukarıda geçen sözlerini teyit etmektedir.

Şekil 8. İsmail Ebuliz Sokağı (http://elcezeri1136.blogspot.com.tr/)

Şekil 9. İsmail Ebul-iz İlköğretim Okulu (http://elcezeri1136.blogspot.com.tr/)

Şekil 10. El-Cezeri Müzesi. Resimdekiler; soldan sağa E. Demir ve A. Yaşın. (http://elcezeri1136.blogspot.com.tr/)

El Cezerî'nin etnik kökenine ilişkin de ihtilaflar mevcuttur. Bunların bir kısmı birbiri ile çelişki teşkil etmekle birlikte birbirini yalanlamayan farklı görüşler de mevcuttur. Literatürde El-Cezeri için Türk, Kürt, Arap veya İslam bilgini gibi değişik ifadeler kullanılmaktadır. Örneğin; Akman (1974), Şen (2002), Vukobratovic (2009), Kucukaksu (2009), Temiz (2012) gibi yazarlar El-Cezeri için "Türk" ifadesini, Hayes (1983), Smith (1974), Moon (2007), Ceccarelli (2007) "Arap" ifadesini, Yaşın (2012), Research (2011), Driessen ve diğ. (2011) "Kürt", Hill (1974), Necipoğlu (1995) gibi yazarlar ise "İslam Bilgini" ifadesini kullanmıştır.

Kanaatimizce, bu yazarlar El-Cezeri için; 1) Müslüman olması ve kitaplarını Arapça yazması nedeniyle Arap veya İslam Bilgini, 2) Diyarbakır'da Artuklular Beyliği döneminde yaşadığı için Türk, 3) Mezopotamya olarak bilinen ve çoğunlukla Kürtlerin yaşamış olduğu bir coğrafyada doğduğu için de Kürt ifadelerini kullanmışlardır.

Konu üzerinde tarafımızdan yapılan araştırmalar neticesinde, El-Cezeri'nin Cizre'nin Tor (Dağkapı) mahallesinde doğduğu, göçebe olmadığı, başka bir ifade ile bölgenin yerlisi olduğu sonucuna varılmıştır.

Gerek o dönemde, gerek öncesinde ve gerekse sonrasında bu bölgede yaşayan yerli halkın Kürt etnik kökenden geldiği dikkate alınırsa El Cezeri'nin etnik köken olarak Kürt olduğu kanaatine varılmıştır. Ancak; bu saptamaya milliyetçilik duygusuyla değil, etnik köken olarak literatürde farklı kavramlara yer verildiği için değinilmiştir.

El Cezeri'nin Diyarbakır hayatına ilişkin, Diyarbakır'a geliş ve dönüş tarihleri ile Diyarbakır'daki hizmet süresi (mühendis veya başmühendis olarak) ile ilgili literatürde farklı bilgilere rastlanmaktadır. Örneğin Tez (2001), El Cezeri'nin, 1136'da Diyarbakır'da doğduğunu, Artuklu Sarayı'nda 32 yıl (1174-1206 arası) başmühendislik görevi yaptığını, matematikçi bir bilim adamı, sanatçı ve minyatür ustası olduğunu belirtmektedir. Öncelikle bu çalışmaya şu şekilde itiraz edilebilir. Yukarıda verilen ve kitap akışında verilecek olan tüm kaynaklar, El Cezeri'nin bugünkü Cizre'de Miladi 1153 yılında doğduğu yönündedir. Ayrıca, tıpkı Tez (2001) gibi, Makal (2007) de El-Cezeri'nin Artuklu sarayında toplamda 32 yıl çalıştığını ifade etmektedir. Ancak Unat (2002) ve Yaşın (2012) gibi yazarlar da El-Cezeri'nin Artuklu sarayında toplam 25 yıl çalıştığını ifade etmektedirler.

Ama, El-Cezeri kitabının önsözünde; "*Ben Diyarbekir Sultanı el-Salih Nasirüddin ebu'l Feth Mahmud bin Muhammed bin Karaaslan bin Davud ibn Sukman bin Artuk'u, Tanrı onu, istedikleriyle birlikte korusun, hizmetindeyim. Bu, hükümdarlık ona geçmeden önce babasının ve kardeşinin, (Tanrı ruhlarını korusun) dönemindeki hizmetimin bir devamıdır. Bu süre başlangıcı 577 H. olmak üzere toplam 25 yıldır* (Tekeli ve ark. 2002)" ifadeleriyle, Artuklu sarayında toplamda 25 yıl çalıştığını beyan etmektedir. Sanırım, Unat (2002) ve Yaşın (2012) da El-Cezeri'nin bu ifadelerine dayanarak, O'nun Artuklu Sarayında 25 yıl çalıştığını söylemişlerdir. Kanaatimce; Tez (2001) ve Makal (2007) de, El-Cezeri'nin M. 1174 yılında Cizre'den Diyarbakır'a geldiği literatür bilgisini baz alarak, (1174-1206) tarihleri arasında Artuklular'ın hizmetinde bulunduğunu düşünerek, toplamda 32 yıl çalıştığını belirtmişlerdir.

Sonuç olarak; El-Cezeri'nin, 1174 yılında Seyfettin Gazi Bin Kutbettin Zengi (1170-1181) yönetimindeki Cizre'den Diyarbakır'a geldiğini varsayarsak, Diyarbakır'da (1174-1206) tarihleri arasında toplamda 32 yıl bulunmuştur. Bu sürenin 25 yılını, İslam medeniyetinin oldukça ilerlediği, kültür faaliyetlerinin yoğunlaştığı bir devirde Güneydoğu Anadolu'da ilim ve imar işlerinde bir hayli ilerleyen ve yönetim merkezi bugünkü Diyarbakır'da bulunan Artukoğulları Beyliğinin sarayında (1181-1206) Reis-ül amal (başmühendis) olarak görev yaparak geçirmiştir. Ancak, El-Cezeri'nin (1174-1181) yılları arasında geçen 7 yıllık sürede ne yaptığı ile ilgili literatürde net bir bilgiye rastlanmamıştır. Bununla ilgili olarak El-Cezeri'nin, Cizre'den Diyarbakır'a geliş tarihini 1174 yılı olarak baz alırsak, literatürde anonim olarak geçen; 1174 yılında Artukoğulları Beyliğinin sarayına 21 yaşında saray mühendisi olarak girmiş, 28 yaşında sarayın başmühendisi olmuş ve orada 25 yıl (1181-1206) Reis-ül amal (başmühendis) olarak görev yapmıştır tezini ve El-Cezeri'nin kitabında sadece hükümdarların hizmetinde geçen süreye değindiğini kabul etmeliyiz. Böylelikle toplamda 32 yıl, Diyarbakır'da Artukoğulları Beyliğinin sarayında bulunduğu doğrulanmış olur. Yoksa, El-cezeri'nin, Cizre'den Diyarbakır'a geliş tarihini 1174 olarak değilde, 1181 yılı olarak baz alacağız. Bu konu net olarak açıklığa kavuşturulamadığı için, okuyucunun takdirine ve El-Cezeri hakkında daha sonra çalışma yapacak olan bilim insanları veya araştırmacıların çalışmalarına bırakılmıştır.

El-Cezeri, Artuklular döneminde, Nureddin Muhammed (1167) ve onun oğulları Kutbeddin Sökmen (1185) ile Nasüriddin Mahmut'un (1201) hükümdar oldukları dönemlerde büyük hizmetlerde bulunmuştur. Kitabının önsözünde vermiş olduğu bilgi de bunu doğrulamaktadır. Böylelikle Nureddin Muhammed döneminde 4 yıl (1181-1185), onun oğulları Kutbeddin Sökmen döneminde 16 yıl (1185-1201) ve Nasüriddin Mahmut'un döneminde ise 5 yıl (1201-1206) olmak üzere toplamda 25 yıl Artuklu hükümdarlarının hizmetinde bulunduğu sonucuna varılabilir.

İslam âleminin bilimde altın çağını yaşadığı bir dönemde yaşamış olan El-Cezeri, robotik sistemler ve sibernetik üzerine çalışmalar yapan önemli bir bilim adamı ve mühendistir. El Cezeri, Cizre'de önemli icatlar yapıp meşhur olmasına karşılık, 80 yıllık hayatının en verimli kısmını büyük oranda Diyarbakır'da geçirmiş ve bilinen büyük buluşlarını burada gerçekleştirmiştir. Literatürden elde edilen bilgilerden El-Cezeri'nin; Diyarbakır hayatının 1206 yılında sona erdiği, daha sonra Cizre'ye döndüğü ve 1233 yılında Cizre'de vefat etttiği anlaşılmaktadır. El-Cezeri'nin Cizre dönemindeki yaşantısıyla ilgili, Yaşın (2012)'nin verdiği bilgiler dışında literatürde herhangi bir bilgiye rastlanmamıştır.

Her ne kadar anonim kaynaklarda Devrin hükümdarı Karaaslan tarafından Hısn Keyfa'da (Bugünkü adıyla Hasankeyf) muhteşem köprü ile onun altındaki çarşı, han ve hamamların El Cezeri'ye yaptırıldığı ve mahallelerin imarında da El Cezeri'nin büyük emeği geçtiği belirtiliyor ise de tarafımızdan bunu teyit edecek literatürde herhangi bir kaynağa rastlanmamıştır. Burada kastedilen muhteşem köprü eğer Diyarbakır-Silvan yolu üzerinde bulunan Malabadi Köprüsü ise, bu bilgi doğru değildir. Çünkü Malabadi köprüsü, El-Cezeri'den önce 1147-48 tarihinde Artukoğullarından Timurtaş tarafından yaptırılmıştır. Ancak Makal'ın

(2007), "*Artuklu hükümdarlarından Rükmeddin Davud Sökmen ve oğlu Fahrettin Karaaslan döneminde Hasankeyf'in mağmur bir kente dönüştüğü günümüze dek ulaşan eserlerden anlaşılmaktadır*" ifadelerini, El-Cezeri'nin de o dönemlerde yaşadığını ve Artuklu hükümdarlarına hizmet verdiğini göz önünde bulundurursak, günümüze ulaşan veya ulaşamayan benzer böyle yapıların El-Cezeri tarafından yapıldığı sonucuna belki varılabilir.

3. El-Cezeri Ve Çalışmaları İle İlgili Elde Edilen Literatür Bilgileri

Bu bölümde; El-Cezeri ve yapmış olduğu çalışmalar ile ilgili elde edilen literatür bilgisine, okuyucuya ulaşım kolaylığı sağlamak amacıyla kronolojik sıra göz önünde bulundurularak yer verilmeye çalışılmıştır.

El-Cezeri'yi üne kavuşturan asıl husus; eserinde, sibernetik alanında teknik çizimlere ve bunların detaylı tariflerine yer vermesi ve çizimlerinin birçoğunu pratiğe dökerek, robotlar ve çeşitli makineler yapmasıdır. El-Cezeri'nin meşhur eserinin adı "El-Câmi' Beyne'l-'İlm Ve'l-Amel En-Nâfi' Fi Es-Sınaâ'ti'ül-Hiyel" adlı kitaptır. Eserin daha başka değişik isimleri de vardır. Türkçe adı "Olağanüstü Mekanik Araçların Bilgisi Hakkında Kitap" tır. Bu isim, Hill'in İngilizce çeviride kullandığı isimdir. Literatürde daha çok bu isim kullanıldığı için bu çalışmada da aynı isim kullanılmıştır. Oysa, eserin Topkapı nüshasındaki ismi "Olağanüstü Araç Yapımı Üzerine Bilim ve Teknik Arasında Yararlı bir Telif " şeklindedir (Tekeli ve ark. 2002). Eserin bilinen 15 adet kopyasının 5 tanesi Türkiye'dedir. Eser, zamanın bilim dili olan Arapça ile kaleme alınmıştır.

El-Cezeri'nin kitabı 20. yüzyılın başından itibaren Batı'da büyük ilgi görmüştür. Prof. Wiedmann bu eseri inceleyerek Almanca'ya çevirmiştir. Prof. Wiedmann; bu eserle ilgili olarak "*19. yüzyıla kadar yazılan teknik eserler arasında, astronomiye ait olanlar hesaba katılmazsa, El-Cezeri'nin bu eseri en önemli ve en yüksek seviyede olanıdır*" demektedir.

El Cezeri ile ilgili önemli çalışmalarda bulunan ve Türkiye'de tanınmasında söz sahibi olan bilim insanlarından biri olan Akman (1973), makalesinde sözü El-Cezeri'ye şöyle getirmektedir: "*Çağımızın en büyük bilimsel hamlesi, sibernetik ve elektronik sistem ile yapılmakta olduğu için, bir an bu konu üzerinde çeşitli uyruktaki düşünürlerle bir konuşma açtığımızı var sayalım. Acaba, bir Fransız'a sibernetik ve elektronik sistemin, hangi bilginle başlamış olduğu sorulsa idi, ne cevap verirdi? Belki o hiç düşünmeden*

- Descartes ve Pascal ile birlikte başlamıştır!"

diye cevap verecekti.

Descartes'ın ''Metod Üzerine Konuşma'' adlı eserinden şu satırları da hatırlanacaktı:

"... Bu ise kemikler, kaslar, sinirler, toplar ve atar damarlarıyla, her hayvanın vücudunda bulunan, bütün başka parçaların büyük çoğunluğu yanında, insan sanatının, pek az parçalarla ne kadar çeşitli otomatlar veya müteharrik makineler meydana getirdiğini bilerek, vücuda, bir makine gözü ile bakacak olan kimseye, hiç de garip görünmeyecektir...''(Descartes, Çev. Karasan 1947).

Descartes'ın (1596-1650), yukarıdaki sözleri ile ''Makine-Hayvan'' modelini, daha 17. yüzyılda ortaya atmış olduğunu; aynı çağda yaşamış bir diğer Fransız filozof ve matematikçisi Blaise Pascal'ın (1623-1662) ise ''İkili Sistem'' üzerine kurulu hesap makinesini, ilk kez bulan bilgin olduğunu, belirtecekti.

Bir Alman ise,

Hayır !.. Bu sistemi geliştiren ilk bilgin, büyük Alman filozofu Leibniz'dir diye karşılık verecek ve Leibniz'in (1646-1716) yaptığı "Toplama-Çıkarma, Çarpma-Bölme Makinesi"ni gösterecekti.

Aynı soruyu, İngiliz uyruklu düşünüre yönelttiğimizde, belki o, çok daha eski tarihlere uzanacaktı.

Roger Bacon (1214-1292), daha 13. yüzyılda bu sistemleri düşünmüştür! Gemileri yürüten mekanizmalar.. uçan ve denizin dibinden giden makineler fikrini, ilk kez ileri süren bilgin ve filozof Bacon'dur! diyecekti.

Acaba, aynı soru, bize sorulmuş olsa idi, ne cevap verirdik? diye uzun süre düşündüğümüz olmuştur. Hemen belirtelim. Aynı ulusal duygularla hareket ederek şu cevabı verecektik:

Bu sistemi, ilk düşünenlerden biri, çağımızdan tam 8 yüzyıl önce Diyarbakır'da yaşamış olan El-Cezeri'dir! Artuk Türkleri zamanında, Diyarbakırlı El-Cezeri (1205-1206 yıllarında), otomatik kapları, insan ya da hayvan şeklindeki makineleri, kendi kendine saz çalan makineleri, Güneş ve Ayın günlük durumlarını belirten makineyi ilk yapan bilgindir!

Bu cevabımızı hayretle karşılayanlara da, İstanbul'da Topkapı Sarayı Üçüncü Ahmet Kütüphanesinde 3472 numara ile kayıtlı olan El-Cezeri'nin kitabını incelemelerini salık vereceğiz. Kitap, 13. yüzyılda Artuk Türkleri saraylarında kullanılan Arapça diliyle yazılmıştır. Sayfaları, çağlar boyundan gelen tarihsel izlerle biraz silinmiş olmakla birlikte, yazılar okunaklı ve otomatik makinelerin resim ve şekilleri ile süslenmiştir. El-Cezeri'nin kitabı hakkında, bir makaleden, şu satırları da, buraya aynen almamız, herhalde çok yerinde olacaktır:

"... El-Cezeri'nin kitapta tarif ettiği makinelerden birkaç tanesi, Alman profesörlerinden Widemann tarafından yapılmış ve muvafakiyetle işletilmiştir. Bu makinelerin bugün Almanya'da Erlangen Üniversitesinde bulunduğunu öğrendim. El-Cezeri'nin kitabından bazı parçalar, Almancaya çevrilmiştir... (Konyalı 1969)"

Akman (1974), bir başka makalesinde El-Cezeri'yi tanıma hikâyesini şu şekilde anlatmaktadır. "*Çağımızdan gerilere, oldukça eski tarihlere uzandığımız anda dahi, ilkel bir yapıda, fakat çok ilginç "Otomatik Makineler" yapan bilginlerle karşılaşıyorduk. Acaba, bizim de bu konuda, kendisinden kıvançla söz edebileceğimiz bir bilginimiz yok mu idi ?*

Sibernetik üzerinde uğraşıya başladığım günden beri, özellikle bu sorunun karşılığını aramıştım. 1972 yılında Diyarbakır'a yaptığım bir seyahat sonunda, bu araştırmamın cevabını bulduğum zaman, ne kadar büyük heyecan duyduğumu okuyucular takdir edeceklerdir.

Diyarbakır'da "Kara-Amid" adlı bir dergi yayınlanmaktadır. "Kara-Amid" adı bu dergiye, Diyarbakır'ın eski adı "Amid" olduğu için verilmiştir. İşte, bu derginin, 1969 yılına ait 2. Cildinin 5. sayısını incelerken "8 Asır Evvel Türk Sarayları Makineleşti" başlıklı bir yazı gözüme çarpıvermişti (Şekil 11). *Sayfaları karıştırdıkça, Cizreli El-Cezeri adındaki bir Türk Bilginin, bundan aşağı yukarı sekiz yüzyıl önce, Diyarbakır'da "Otomatik Makineler" yapmış olduğu belirtiliyor ve bu makinelerin birkaç tanesinin de resimleri gösteriliyordu. Verilen bilgiye göre, o tarihlerde Diyarbakır'da hükümdarlık yapan Artuk Türkleri, El-Cezeri'nin yapmış olduğu "Otomatik Makineleri" saraylarında kullanmışlardı. İbrahim Hakkı Konyalı, makalesinde, Cizreli El-Cezeri'nin, bu konudaki kitabının "Kitab-ül cami-i beyn-el ilm-i vel-amel En-nafi-i fi sınaat-il hiyel" adı ile yazılmış olduğunu ve kitabın, Topkapı Sarayı Müzesinde bulunduğunu da bildiriyordu*".

Şekil 11. Kara-Amid Dergisi (http://elcezeri1136.blogspot.com.tr/)

Tekeli ve ark. (2002)'den alınan bilgiye göre; Konyalı'nın aynı makalesi, 1951'de Tarih Hazinesi adlı dergide daha önce yayınlanmıştı.

Aynı makalenin devamında ise "…. *El-Cezeri'nin kitabının İstanbul Kütüphanelerinde üç ayrı nüsha olduğu bildirildiğinden, Diyarbakır'dan döner dönmez, Topkapı Sarayı Üçüncü Ahmet Kütüphanesine gittim. Gerçekten, El-Cezeri'nin kitabı, bu kitaplıkta 3472 numarada kayıtlı duruyor. Sayfaları, aradan sekiz yüzyıl geçmiş olmasına rağmen pek eskimemiş ve hayret edilecek bir nokta da kitabın içindeki şekillerden hiçbirisi bozulmamış ve boyaların rengi solmamış! Kitap, tüm canlılığı ile duruyor ve sekiz yüzyıl öncesinden bilim evrenimize bakıyor. Bu kıymetli eserin yapraklarını çevirdikçe, insanın göğsü kabarıyor, sekiz yüzyıl önce "Sibernetikteki Denge Durumu" ya da Elektronikteki Ayarlama Sistemleri" gibi, çok ilginç olan bir konuya, bu Türk bilginin nasıl el atmış olduğunu hayranlıkla görüyor.*

İlginç olan bir diğer yön de, El-Cezeri'nin çok çeşitli "Otomatik Makineler" yapması ve her bir makinesinde ayrı bir "Denge Durumu" kurmuş olması. Bu büyük bilginin çizdiği şekillere bakıyorsunuz, birinde, yalnızca hidro-mekanik etkilerle bir "Denge Kurma" ve "Harekette Bulunma" sistemine yönelmiş. Bir diğer şekle bakıyorsunuz, hem hidro-

mekanik güçten yararlanıyor, hem de şamandıralar ile palangalar arasında "Karşılıklı Etkide Bulunma" yoluyla ilginç bir "Otomatik Sistem" kuruyor!..

İbrahim Hakkı Konyalı, El-Cezeri'nin "Otomatik Makineleri" ni anlatırken, bu Türk Bilginin kitabının 332. sayfasında, "Hükümdar Mahmud'un, hizmetçilerin ve cariyelerin abdest suyu dökmelerinden iğrendiği için, El-Cezeri'nin yaptığı "Makineden Adamlar" ve "Makineden Tavus Kuşları"ndan yararlandığı ve bunların döktüğü sular ile abdest aldığını bildirdiği için, özellikle bu makinenin şeklini aradım. Kitabın 274. sayfasında çok ilginç bir resim ile karşılaştım. Bu resimde, "Otomatik Makine Adam" elinde tuttuğu testideki suyu, bir kaba boşaltırken, bu kabın içinde bulunan "Otomatik Tavus Kuşu" testiden boşalan suyu, başka bir kaba aktarıyordu. Suyun boşaldığı kap içinde bulunan bir şamandıra ile "Otomatik Makine Adam" ın, eli ve kolu yeniden harekete geçiyor, böylece de hareket devam ediyor (Şekil 12).

Bugünkü fizikçi ve mekanikçilere "Isı Etkisiyle Haberleşerek Denge Kurma" sistemini ilk kez kim bulmuştur? denilince akla hemen James Watt gelmektedir. Çok iyi bildiğiniz gibi, bu İskoçyalı mühendis, 1780 yılında ilk kez "Regülatörü" icat etmişti. Watt'ın bu regülatörü ile, buhar basıncı ile çalışan bir sistemde, bir mil çevresinde dönen topların hareketi ile (bir subap biçiminde) kapağın otomatik olarak açılıp kapanarak, buharın basıncı ayarlanabilmişti. Böylece de buhar gücü ile çalışan makinelerin, kendi kendilerine "ayarlama yapabilmeleri" de sağlanmıştı. Bu nedenle de Sibernetikçiler, "Isı İle İletilen Bilgilerle Haberleşme, Kontrol ve Ayarlama Yapabilme" nin tarihine, haklı olarak James Watt'ın "Regülatörünü" yerleştirmişlerdir. Bu satırların yazarı da, aynı kanıda bulunuyordu. Ancak sözünü ettiğimiz Topkapı Sarayındaki kitabın 171.

sayfasındaki şekli gördükten sonra, bu tarihin çok daha eskilere gittiğini ve Diyarbakır'da El-Cezeri'ye kadar uzandığını, gururla duymuştur".

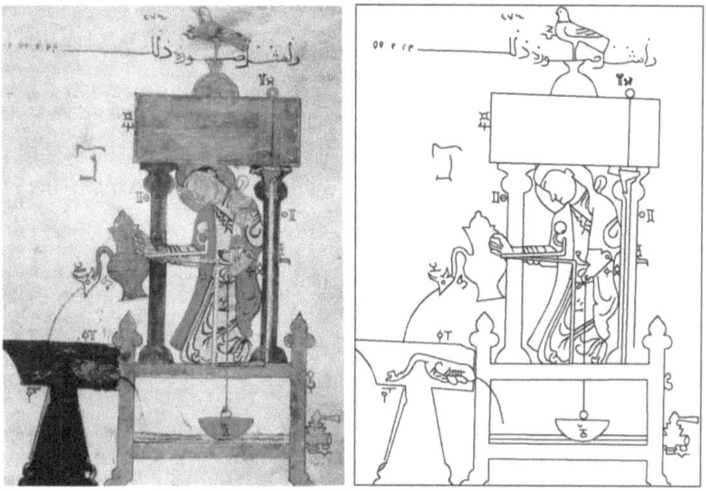

Şekil 12. Çocuklu Leğen (Türkçe Çeviri, 2002)

Makalenin devamında, "…. *El-Cezeri'nin aynı kitabının Ayasofya Kütüphanesindeki nüshasının içinden 66 sayfanın çalınmış olması, bu bilginin "Otomatik Makinelerine", başkalarının çok daha büyük bir ilgi gösterdiğini belirlemektedir. Nitekim bildirildiğine göre, kitapta tanımlanan makinelerden birkaç tanesi, Alman profesörlerinden Widemann tarafından yapılmış ve başarı ile işletilmiştir. Bu makineler, bugün Almanya'da, Erlangen Üniveristesinde bulunuyormuş!*" dedikten sonra sözlerine şöyle devam ediyor:

"….. Bu, gerçekten çok büyük Türk Bilgininin, kitabından slayt ve fotoğraf olarak aldığım resimleri, burada sizlere sunuyorum. Bu resimler El-Cezeri'nin, Türk Bilim Tarihi içindeki yerini göstermekle kalmıyor. Sibernetik Biliminin Tarihi içindeki önemli yerini de yeteri kadar saptıyor. Bu büyük bilginin kitabının 171. sayfasındaki şekle bakınca, James Watt

tarafından icad edilen regülatörün, başka bir biçimde ve bir kuşun hareketi ile karşılıklı haberleşerek ayarlandığı, açıkça görülüyor. El-Cezeri'nin kitabının 164. Sayfasındaki şekil, insanda, heyecan, gurur ve şaşkınlık duygularını birlikte uyandırıyor. El-Cezeri, bu şekil ile hem hidro-mekanik etkilerle yararlanıp bir sistem kuruyor, hem de bu sistem içinde, palangalar, şamandıralar ve ağırlıklar kullanarak, kuşu da hareket ettiriyor. 157. sayfadaki şekil de, aynı sistemin bir yanda insan, diğer yanda kuş ile karşılıklı "Etkilerin Haberleşmesi" biçiminde kurulduğunu gösteriyor. 44. sayfadaki resim ise yine hidro-mekanik etkilerden yararlanarak "Makine Adam" da ne çeşit hareketlerin meydana getirilebileceğini gösteriyor".

Yazar aynı makalede son olarak bir temennisini de şöyle dile getiriyor. "*.... İsviçre'nin Bern şehrinde eski bir saat kulesi vardır. Bu saat kulesinde, belirli saatlerde bir horoz dışarı çıkar ve öter. Bu saat kulesi, hem bir anıt hem de teknik bir eser olarak İsviçre tarihinde yer almıştır. Oysa bizim El-Cezeri'mizi bilim tarihine tanıtacak olan (ve ne hazindir ki, bugüne dek Türkçeye bile çevrilmemiş bulunan) eserinden başka, elimizde hiç bir "Otomatik Makinesi" yoktur*". 2002 yılında Tekeli ve ark. tarafından bu kitabın Türkçe çevirisi yapılarak, Akman'ın bu üzüntüsü giderilmiş oldu. "*Bugün bu Türk bilginin, bir anıtını yapmak yerine, çok daha etkili bir durum düşünülebilir. Tıpkı, Bern'deki "Saat Kulesinde" olduğu gibi El-Cezeri'nin "Otomatik Makine" lerinden birinin, büyük ölçüde ve çalışır biçimde bir modelini bir "Anıt" olarak yapma yoluna gidilebilir. Gerçekten de böyle bir anıt, El-Cezeri'nin bilimsel kişiliğinin de belirtilmesini sağlamış olur. Böyle bir anıtın yapılması işi, Milli Eğitim Bakanlığı, Üniversitelerimiz, TÜBİTAK, Milli Prodüktivite Merkezini ilgilendirdiği kadar Diyarbakır Belediyesi ve tüm bilim* *kuruluşlarımızı da ilgilendirmektedir. Bu anıtın yapılması, yalnızca El-Cezeri'nin, bugüne dek unutulmuş kişiliğini yüzeye çıkarmakla kalmayacak; Sibernetik Bilimin Tarihi içinde, ne kadar güçlü bir Türk Bilginin de yer aldığını, tüm Dünya'ya tanıtmış olacaktır*". Akman'ın bu önerisi kitabın sonuç ve öneriler kısmında önerilmiştir.

Akman (1976), başka bir sitemini de diğer bir makalesinde şu şekilde dile getirmektedir. "... *Eğer El-Cezeri'nin ilettiği bilgilere, gerekli ilgi gösterilmiş olsaydı ve 800 yıldan beri bu konu üzerinde çalışma yapılmış olsaydı, hiç kuşku yok ki, bugün "Elektronik Beyin", "Computer Teknolojisi" ve "Otomasyon Sistemi" adlarını verdiğimiz, çağımızın en büyük bilimsel gelişmelerinin öncüleri, Türk bilginleri olacaktı*".

Makalenin devamında, El-Cezeri'den önce yapılan çalışmalar ile ilgili olarak şu bilgiler verilmektedir. ".... *Bilim tarihçilerinin bildirdiklerine göre, çok eski zamanlarda dahi, insanoğlu, "Otomatik Makineler" yapabilmişti. İsa'dan 430 yıl önce Tarentumlu Archytas,* (doğrusu Archytas veya Tarantolu Arhitas d M.Ö. 428; ö. M.Ö. 347) *tahtadan bir güvercin yapmıştı. Bu güvercin, havalanıp kısa bir süre uçtuktan sonra yere düşüyordu. Ancak, bir kez yere düştükten sonra, kendiliğinden kalkıp yeniden havalanamıyordu. Pheleron'lu Demitrius ise, kendiliğinden yürüyen bir sümüklüböcek yapmıştı. Olimpia'da kanat çırpan bir kartal vardı. İskenderiyeli Heron İsa'dan sonra ikinci yüzyılda, mukaddes su otomatlarından söz etmektedir. Mabedlere konulan bu otomatik aygıtlara, bir akça ya da drahmi atıldığında musluktan, kendiliğinden su akmaya başlıyordu. "Doğu Roma İmparatoru Theophilus ise, halis altından iki aslan yaptırmıştı. Ve bunları, sağlı sollu tahtının iki yanına koydurmuştu. İmparator, tahtına her oturuşunda, otomatik olarak çalışan aygıtlar sayesinde, bu aslanlar ayağa kalkıp kükrer, sonra yeniden yere uzanırlardı (Kemmerich, Çev. Necatigil, 1968)". Orta Çağda, Albertus Magnus'un yaptığı "Oyuncak İnsan", kapıyı açıp başını eğmekte ve kolunu kaldırıp selam alabilmekteydi. 1680 yılında Denis Papin "Otomatik Basınç Süpabı"nı; 1738 yılında ise Jacques de Vaucanson "Otomatik Flüt Çalan Oyuncak İnsan"ı yapmayı başarmışlardı. Ancak, bütün bu örnekler, çok basit olarak çalışan, mekanik aygıtlardan başka bir şey değillerdi".*

Akman (1976), aynı makalede El-Cezeri ve çalışmaları ile ilgili şunları söylüyor: "…. *Nitekim Nature dergisinde de El-Cezeri'den bahsederken, "12. yüzyıl Müslüman Mühendisliğinin doruğuna erişmiş Cizreli El-Cezeri" şeklinde tanımlamada bulunmaktadırlar. Nature dergisinde El-Cezeri'nin kişiliği hakkında pek fazla bilgi verilmiyor. Derginin 286. sayfasında El-Cezeri'nin Hidro-Mekanik güçle işleyen Tavus Kuşları resmi* (Şekil 13) *konulduktan sonra bu resmin altına, özetle şu satırlar yazılmış:*

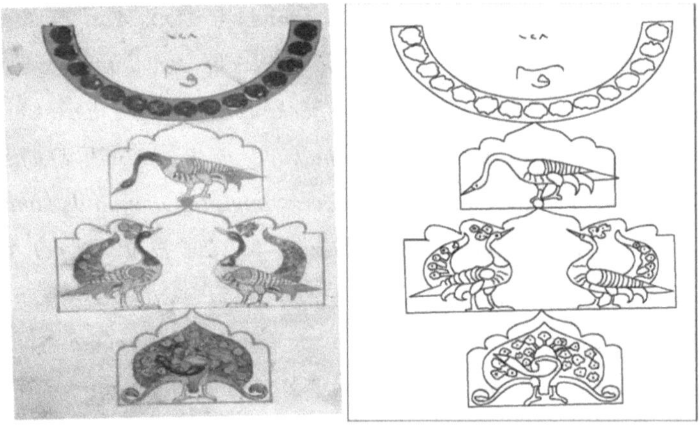

Şekil 13. Tavuskuşlu Su Saati (Türkçe Çeviri, 2002)

"Onun mekanik aygıtlardan biri su gücü ile işleyen saati idi. Oldukça büyük bir havuzdan boşalan su her yarım saatte bir pistona boşalarak hareket sağlıyordu. Bu nedenle de bütün sistem saat başı makaralar ve palangalarla dönüyordu. Bu anda da erkek tavus kuşu ile dişi tavus kuşu karşılıklı dönüş hareketinde bulunuyorlar ve bu anda da dişi tavus kuşu ötüyor. Dönen bir su çarkı iki genç tavus kuşunun birbirlerine karşı bağırıp çağırmalarını düzenliyordu. Sol tarafta bulunan manivelâ kolları ise suyun boşalımını ve tekerleğin dönüşümünü sağlıyordu" (Nature 1974).

Bu özet yazının sonunda El-Cezeri'nin bu kitabının "Mekanik Hareketler Mühendisliği Bilgisi Kitabı" (İngilizce Al-Jazari's Book of Knowledge of Ingenious Mechanical Devices) adı ile Dortrecht ve Boston'da 1973 yılında İngilizce olarak basıldığını ve 96 dolar fiat ile satışa çıkarıldığı da belirtilmektedir" (Şekil 14).

Aynı makalenin devamında Akman El-Cezeri'nin sibernetik bilimiyle olan ilgisini şu sözlerle ifade etmektedir: "*Sibernetik'in babalarından olan İngiliz Nöroloji Profesörü Dr. Ross Ashby, bundan 25 yıl önce "Üstün Denge Durumu" nu ortaya attığı zaman, "Otomatik olarak işleyen sistemlerin üstünde bunları kontrol eden sistemler" den söz etmişti. Oysa bu bilginden tam 800 yıl önce bir Türk bilginimiz El-Cezeri, "Otomatik çalışan sistemler üstünde bunları otomatik olarak kontrol eden denge durumu sistemlerini" kurmayı başarmış ve bu sistemleri çalıştırmıştır.*

Şekil 14. Kitabın İngilizce Basımı (http://www.amazon.com/Book-Knowledge-Ingenious-MechanicalDevices/dp/9027703299)

El-Cezeri'nin yaşadığı çağda elektrik gücü, manyetik güç, foton etkisi ya da elektromanyetik güçler olmadığı için, elinde bulunan "Su Gücü" ve "Basınç Etkisi"nden yararlanarak bu görkemli sistemleri kurabilmiştir. Bu bilginin yararlandığı yalnızca "su gücü" olduğu halde, bu kadar görkemli "Hidro-Mekanik Sistemle Çalışan Otomatik Makineler" yapabilmiş olması, onun Sibernetik Biliminin tarihi içindeki önemli yerini, açıkça belgelemektedir".

El-Cezeri ile ilgili Bir (1977) de şunları ifade etmektedir: "*Batı dünyasında adı kısaca "al-Gazari" olarak geçen Cizreli Eb-ül-İz İbni İsmail İbni Razzaz, Bilim ve Teknik okuyucularına Toygar Akman tarafından tanıtılmıştır (Akman 1974, 1976). El-Cezeri, su saatleri, otomatlar, su kaldırma düzenleri, fıskiyeler, şifreli anahtarlar ve daha pek çok pratik ya da estetik mekanizmanın tasarlanması ve gerçekleşmesini anlatan "Kitab al cami beyn el ilim val amal al nafi fi sınaat il hayal"* (doğrusu "El-Câmi' Beyne'l-'İlm Ve'l-Amel En-Nâfi' Fi Es-Sınaâ'ti'ül-Hiyel" olacaktır) *adlı bir kitabın yazarıdır. Bu bilimsel kitap 1205 yılında Diyarbakır'da Artuklu Sultanı Melik al Salih Nasır al-din adına yazılmıştır. Dili zamanın bilim dili Arapçadır. Eser ününü çağlar boyu yitirmemiş, defalarca kopya edilmiş ve çeşitli dillere çevrilmiştir.*

Bugün İstanbul Topkapı Sarayı III. Ahmet Kütüphanesinde bulunan 3472 kayıtlı yazma 1206 tarihlidir. Mevcut El-Cezeri yazmalarının en eskisi olan bu nüsha kayıp orijinal eserin bir ikinci el kopyasıdır (Stchoukine 1934). Aynı kütüphanede 3606 kayıtlı başka bir yazma 1354 tarihlidir (Riefstahl 1929). Yabancı ülkelerde Dublin Chester Beatty kütüphanesinde bir, Oxford Bodleian Kütüphanesinde iki, Leiden Üniversite Kütüphanesinde iki ve Paris Bibliotheque Nationalde üç adet daha geç yüzyıllara ilişkin el yazması kopyalar bulunmaktadır. Ayrıca Amerika Birleşik Devletlerinin çeşitli müze ve koleksiyonlarında farklı yazmalardan koparılmış minyatürlü sayfalar sergilenmektedir (Hill 1974). Bilinen El-Cezeri nüshalarının karşılaştırmalı bir incelemesi bugüne kadar yapılmamıştır". Bir'in bu tespitinden sonra El-Cezeri'nin bu kitabının Topkapı Ahmet III nr. 3472 ve nr. 3461, Topkapı Hazine nr. 414, Ayasofya nr. 3606, Bodleian Graves nr. 27 nüshalarının karşılaştırılmasıyla Kasım Ecnebi tarafından bir kritik metin ve Ahmet Hassan tarafından da 1979'da Arapça bir kitap hazırlanmıştır (Ecnebi, 1979).

Makalenin devamında Bir şunları ifade etmektedir: ".... *El-Cezeri'yi batı dünyasına tanıtan E. Wiedemann ve talebesi F. Hauser olmuştur. Bir kimya profesörü olan Wiedemann boş vakitlerinde Arapça ilim eserleri üzerinde incelemeler yapmakta ve çevresinde bu konuya ilgi duyan talebeleri toplamaktaydı. Öğretim üyesi bulunduğu Erlangen üniversitesinde bazı düzenlerin çalışır modellerini yaptırdığı bilinmektedir.*

Wiedemann El-Cezeri'nin kitabını kısımlar halinde Almanca'ya çevirmiş ve teknik yönden yorumlamıştır. Çalışmalarını Birinci Dünya Savaşı etkisindeki 1908-1921 yıllarında, erişilmesi zor mecmua ve kitaplarda yayınlamış olduğundan, bu bilgiler yeterince değerlendirilmemiştir.

Elli yıllık bir uykudan sonra 1974'te Donald Hill, Wiedemann gibi Oxford yazmasını temel alarak, eseri İngilizceye çevirmiş ve yorumlamıştır (Hill 1974). Eserin birinci kısmındaki su saatlerinden biri Donald Hill önderliğinde hakiki boyutlarda gerçekleşmiştir. Bu rükonstrüksyon 1976 Londra İslam Festivali süresince " Science Museum" da çalışır halde sergilenmiştir (Maddison and Turner 1976)".

Ülkemizde de İTÜ Bilim ve Teknoloji Tarihi Enstitüsü, El-Cezeri'nin kitabındaki şekillerin aslına sadık kalarak, tavus kuşlu su saatini yapmıştır.

El-Cezeri'nin su saatleri hakkında yaptığı çalışmalarla ilgili Drachmann (1948), *"Su saatleri konusunda, Heron ve Philon sürümlerine bakılırsa, 9. yy'da Beni Musa ile başlayan ve 13. yy'da El-Cezeri ve Rıdvan'la devam eden tarihi bir gelişim çizgisi olduğu görülmektedir"* ifadelerini kullanmış ve Temirov ve Tautz (1978), de aşağıdaki sözleriyle bu durumu teyit etmektedir.

Temirov ve Tautz (1978), *"Karmaşık su saatlerinin otomatiklikle ilişkili olduğunu biliyoruz. Yakın tarihte Arap sürümleri olan Heron ve Philon bulunmuştur ve yerli Araplara özgü dokuzuncu yüzyılda ki Beni Musa ile başlayan bir dizi bilimsel eserler El-Cezeri ve Rıdvan ile on üçüncü yüzyılın başlarına kadar uzanmaktadır".*

Yazar aynı makalenin başka bir yerinde şu ifadeleri kullanmıştır. *".... Bu nedenle bu tür cihazlar ile çalışan bir sanatkârın bilimsel bir eser oluşturabilmesi için yeterli düzeyde okur-yazar olması olasılığı daha yüksektir, El-Cezeri örneğinde olduğu gibi"*. Korkutata ve Toprak (2010) da, El-Cezeri'nin okuma-yazmasının olduğunu teyit etmektedir.

Takadoum (1988), çalışmasında El-Cezeri için *"11. ve 12. yüzyıllardaki iki büyük dahi bilim adamlarına övgü: optik fizikçi Ibn Hayyam ve makine mühendisi El-Cezeri"* ifadelerini kullanarak, El-Cezeri'yi dahi bilim adamı ve makine mühendisi olarak tanıtmaktadır.

Necipoğlu (1995), de El-Cezeri'nin tarihteki yerinden bahsederken; *"Ortaçağ İslam âlimi El Farabi'nin matematik bilimlerini 7 uzmanlık alanı (aritmetik, geometri, optik, astronomi, müzik, ağırlıklar, mekanik) olarak sınıflandırdığını açıklamakta ve her birini, teorik (el-nazari) ve pratik (el-'amali) bilimler olmak üzere ikiye ayırmaktadır. Ayrıca, Farabi, Gazali, İbn-i Haldun, İbn Rüşd, İbn-i Sina, El-Cezeri ve İbn-i Heysem'in, mimari ve dekoratif uygulamalarla ilgili estetik görüş ve kavramları yansıtan makul çalışmaları ile en önemli Ortaçağ İslam yazarları olarak alınabilir"* ifadelerini kullanmıştır. Bu ifadelerden, El-Cezeri'nin ortaçağ İslam bilginleri arasındaki yeri kolayca anlaşılabilir ve bunun son derece yerinde bir tespit olduğu söylenebilir. Ayrıca Erzen (2007) de, çalışmasında; Necipoğlu'nun bu tespitine katılarak, atıfta bulunmuştur.

Gunawardena (1996), da El-Cezeri ve çalışmalarından bahsetmiş ve şunları söylemiştir: *"Tıpkı El-Cezeri'nin dahi aygıtlar kitabında (The book of Ingenious Device, 1206) yer alan Filli Su Saatindeki gibi Hezekiah'nin de icat ettiği su saatinde, suyu bir hazneye damlatan bir ejderha kafası vardır. El-Cezeri'nin eserinde çarpıcı özellikleriyle belirtilen rakamları ve üflemeli çalgıları olan su saati, muhtemelen Hero'nun Kukla Tiyatrosu adlı eserinden etkilenerek yapılmış ve bu da Ortaçağ Avrupa'sında bulunan benzer otomatları etkilemiş olabilir. Donald Hill (1993), Bizans, İslam bilim ve teknolojisinin Ortaçağ Avrupa'sı üzerinde önemli bir etkiye sahip olduğunu açık bir şekilde göstermiştir. Son olarak, dişli mekanizmalar çalışması Bizans'ın, İslam dünyasının ve Ortaçağ Avrupası'nın teknolojik özelliklerini güzel bir şekilde birbirine bağlamaktadır".*

Sarma (2000), çalışmasında; El-Cezeri'nin güneş ve su saatlerini konu alan tasvirlerinden bahsetmiş ve konu ile ilgili şu ifadeleri kullanmıştır: *"Su ile çalışan saatler Yunan tasarımları uyarlandıktan sonra İslam dünyasında popüler hale geldi (MS 850). Al Beruni (MS 1000), takvimi ve zamanı göstermek ve buna bağlı olarak güneş ve ayın hareketlerini çizmek için, mevcut tasarımlara dişli mekanizmaları eklemiştir. Hintlilerin geliştirdikleri astronomi aletleri, Çin ve İslam bilginlerinin eserleriyle benzerlik göstermektedir. Bu durum o dönemde teknolojinin ve bu yöndeki gelişmelerin bölgesel ve hatta denizler ve dağlar aşırı serbest akışını ve yayılışını göstermektedir. Usturlap (Gök cisimlerinin yüksekliklerini ölçüp buradan zaman hesabı yapmayı sağlayan eski bir gözlem aracı) Firuz Şah'ın hüküm sürdüğü dönemde (MS 1351-1388) Hindistan'a gelmiş ve Yantra-Raja (Enstrümanların Kralı), Mahendra Suri tarafından M.S 1370 yılında tasvir edilmiştir.*

Hindistan'da, MS 1300 yılında Yunan modellerine göre çok daha karmaşık olan ve su ile çalışan saatler imal edilmiş olup bunlar, Doğu Akdeniz ülkeleri ve Avrupa'ya ihraç edilmiştir. Rıdvan ve El-Cezeri'nin güneş ve su saatlerini konu alan bu tasvirlerinin Surya Siddhanta'da (Hindistan) bulunan karmaşık su saatlerine oldukça benzedikleri bilinmektedir. Ayrıca bu tasvirlerin arasında Arşimet tarafından geliştirilen saatlerin yanı sıra, birçok saat tasviri de mevcuttur. Bunlardan bazılarının "Çin dişlilerine" benzeyen iç mekanizmaları vardır". Buradan, Hindistan'da icat edilen saatlerin, El-Cezeri'nin ki ile aynı yüzyılda olduğu anlaşılmaktadır. Ancak bu saatler Arşimet'inkinden (MÖ 287-212) çok sonraları tasvir edilmiştir.

Şen (2000), yatay eksenli rüzgâr değirmenlerinin kuzey Avrupa ülkelerinden önce 1200 yıllarında yaşamış olan El-Cezeri tarafından geliştirildiğini iddia etmektedir.

Ayrıca konu ile ilgili şunları söylemektedir. *"..... Birçok araştırıcı tarafından yatay eksenli yel değirmenlerinin ilk önce Fransa, Almanya, İngiltere, Hollanda gibi kuzey Avrupa ülkelerinde geliştirildiği söylenmektedir. Hâlbuki yatay eksenli makinelerin rüzgâr gücü ile kullanılması bu ülkelerden önce El-Cezeri tarafından su kaldırma cihazında kullanılmıştır. Bu cihazda sadece rüzgâr gücünden faydalanılmadığı, günümüzdeki silindir, piston ve sübap parçalarının da bir arada kullanıldığı ortaya çıkmaktadır".*

Aynı çalışmanın sonuç kısmında ise, *".....Yel değirmenlerinin ilk görüldüğü yerler orta ve batı Asya uygarlıklarında ve özellikle de İran ve Afganistan ile Çin yörelerinde kullanıldığıdır. Ancak yel değirmenlerinin gelişmesi 10. yüzyıldan başlayarak 13. yüzyıla kadar İslam ülkelerinde görülmüştür. Özellikle bunların kullanımının zirveye ulaştığı 12. yüzyılda Diyarbakır dolaylarında hüküm sürmüş Artuk Türklerinden El-Cezeri tarafından ortaya konulmuş ve bizzat kendisi tarafından eli ile çizilmiş su yükseltme makinasında rüzgâr gücünden yararlanarak yatay milli bir hareketin kullanıldığı anlaşılmaktadır. Böylece, şimdiye kadar kuzey Avrupa ülkelerinde ilk defa kullanıldığı öne sürülen yatay yel değirmenleri esasının daha önceki yıllarda İslam medeniyetinde teknolojinin zirvede olduğu zamanlarda El-Cezeri tarafından yapıldığı somut bir biçimde ortaya konmuştur".*

Aynı şekilde Şahin (2004), de Şen'in ifadelerini şu sözlerle doğrulamaktadır. *"Rüzgâr gücü en az 3000 yıl boyunca kullanılmıştır. Rüzgâr enerjisi, ilk kez M.Ö. 5000 yıl önce Nil nehri üzerinde tekne gezintisi için kullanıldı. Aynı dönemde, yel değirmenleri (Rüzgârgülü) Çin'de su pompalardı. Rüzgâr türbinleri ile ilgili ilk yazılı bilgiler Büyük İskender'in hüküm sürdüğü bölgede basit bir yapıda bulunan yatay eksenli rüzgâr türbinine dayanmaktadır. Perslerin, M.Ö. 700 yıllarında dikey eksenli rüzgâr türbini kullandığı bilinmektedir. Yel değirmenleri 12. yüzyılın başlarından batı dünyasına İslam dünyası tarafından tanıtıldı (Hills 1991). Bu yüzyılda, , Türkiye'nin Diyarbakır ilinde yaşamış olan Ebu-l İz ilk modern dikey rüzgâr türbini geliştirdi (Şen 2000, 2001). 20. yüzyılın başlarına kadar rüzgâr enerjisi; su pompalamak için, mekanik güç sağlamak için ya da tahıl öğütmek için kullanılırdı".*

Ayrıca Şen (2002), çalışmasında; El-Cezeri ve çalışmaları ile ilgili olarak iddialı ve dikkate değer aşağıdaki tespitleri maddeler halinde sıralamıştır:

"1-) *El-Cezeri bugünkü otomasyon, sibernetik ve robotik çalışmaların başlatılmasında, tartışılmaz olarak, hiçbir kültürde rakibi bulunmayan öncü bir düşünce ve bilim adamıdır.*

2-) *Diyarbakır'da hüküm süren Artuklu hükümdarlarından Nasreddin'in kendisi, babası ve kardeşinin hükümdarlıkları sırasında toplam 25 yıl boyunca bu aileye hizmet vermiştir. Bu hükümdarlık 11. yy. da Anadolu Selçuklu Sultanlarından Melikşah zamanında hüküm sürmüştür.*

3-) *El-Cezeri sayıları tam anlamı ile bilmesine karşılık, kendisinden çok önceleri yaşamış bir başka Müslüman düşünür ailesinden Beni Musa kardeşler (Musa oğulları) gibi sayıları harflerle temsil etmiştir.*

4-) *Bağdatta Abbasi halifeleri zamanında, birçok eski Mısır, Hind ve Yunan mirası eserler sistematik olarak Arapçaya tercüme edilmiştir. Yapılan bu tercümelerin arasında M.Ö. 2. yüzyılda yaşamış olan Bizanslı Philon'un pnömatik (hava ile çalışan) cihazlarını ihtiva eden eserleri ile M.S. 60 yıllarında İskenderiye'de yaşamış olan Heron isimli araştırmacının mekanik çalışmaları da bulunmaktadır. Bu iki kişinin çalışmalarında fazlaca ayrıntı olmayıp, çizimler de mevcut değildir. Ama başta Arşimed tarafından yapılan su saatlerini de içeren çalışmalar olmak üzere, bunlar da Arapçaya çevrilmiştir. Özellikle Arşimed'in çalışmaları El-Cezeri tarafından yazılan eserlerde zikredilmiştir.*

5-) *Hill (1974) El-Cezeri'nin kitabının tümünü günümüz çizimlerine varıncaya kadar tercüme ederek İngilizce literatüre kazandırmıştır.*

6-) *El-Cezeri hakkında, Batı kaynaklı en önemli çalışmaların başında Wiedemann (1915) tarafından yapılan ve mühendis Fritz Hauser'in de kendisine yardımcı olduğu çalışmalardır.*

7-) *El-Cezeri'den önce İslam teknolojisine katkıda bulunmuş olan diğer düşünür ve bilim adamları arasında Musa oğulları, el-Harezmi ve Rıdvan gelmektedir. Musa oğulları arasında Ebû Cafer Muhammed, Ebû Kasım ve Hasan olmak üzere üç düşünür kardeş meşhurdur. Bunlar babalarının ölümünden sonra halife Memun zamanında, onun himayesinde yetiştirilmiştir. Bu kardeşler tarafından yapılmış olan bazı cihazların daha sonra, El-Cezeri'yi etkilediği söylenebilir.*

8-) *El-Cezeri kendisinden önce gelen düşünürlerden Arşimed'in su saati fikrini kullanmıştır. Onun düşünüşünün eksik kalan taraflarını tamamlayarak ilk olarak tam ve her parçası ile çalışır bir saat böylece Müslümanlar tarafından yapılmıştır.*

9-) *El-Cezeri'yi etkileyen eserlerden bir diğeri de Fahreddin Rıdvan bin Muhammed es-Saati tarafından yapılmış çalışmalardır.*

10-) *Bilim tarihçisi George Sarton (1950) El-Cezeri'nin eserinde, önceki medeniyetlerde ortaya çıkmış olan bütün teknolojilerin daha da geliştirilmiş hallerinin toparlandığını söylemektedir.*

11-) *Hill (1974), tarihi olarak, İspanya'nın (Endülüs) Toledo-Tuleytule şehrinde yaşamış olan İtalyan asıllı mühendis Juanello Turriano'nun, buralarda Müslümanların su eserlerinden esinlendiğini yazmaktadır.*

12-) *El-Cezeri çalışmalarının ileride kendisinden sonra gelenler tarafından önemsenmeme ihtimaline binaen kitabının önsözünde şöyle demiştir: " Bu işe öyle meşakkatlerle koyuldum ki yolum uzadı, emeklerimin rüzgârın savurduğu şeyler gibi heba olmasından, çalışmalarımın gündüzün geceyi silmesi gibi silinmesinden korkarım".*

Ayrıca, El-Cezeri'nin düşünce felsefesini; kitabının önsözünde değindiği konulardan yola çıkarak (Şen 2002) şöyle yorumlamaktadır:

"Mucidimiz, her şeyden önce Besmele ile başladığı önsözünde, gök ve yerdekilere hikmetinin sırlarını yerleştirdiğini teyit ederek gerçek bilginin Allah (c.c.) katında olduğunu beyan etmektedir.

Allah (c.c.)'tan ilim nimetlerinin daha fazlasını istemekte ve bundan hedefinin O'nun hikmetlerine vakıf olmak olduğunu belirtmektedir. Böyle bir istek, 19-20. yüzyılda yaşamış olan Einstein'ın Allah'ın dünyayı nasıl yarattığını değil de, yaratırken veya öncesinde, O'nun nasıl tasarımlar yaptığını bilmek arzusu ile nerede ise üst üste düşmektedir.

El-Cezeri, kendisinden önce, o zamana kadar dünyada yapılmış ve literatüre geçmiş olan çalışmaların hepsini incelediğini belirtmekte ve bunların eleştirilerini de yapmaktadır. Böylece, düşünce ve bilim tarihinde ilk defa, bir Türk-İslam düşünürü tarafından önceki çalışmalara atıf yolu ile saygı gösterilmesinin en güzel misallerinden bir tanesini onun çalışmasında görmekteyiz.

El-Cezeri kitabının önsözünde, cisimlerin diğer cisimleri nasıl hareket ettirdiğine dair kitapları da incelediğini, gök ve yere ait problemleri ispat eden makaleleri de düşünerek, robotik sanatı ile bilfiil uğraşmaya başladığını belirtmektedir. Bunun anlamı, önce eserlerin tenkitçi-eleştirel bir anlayışla okunmasının kendisine araştırma azmi vermiş olmasıdır.

El-Cezeri, önceki eserleri tenkitçi olmadan, sadece okumanın yalnızca bilgi naklinde işe yaradığını, bunun yaratıcı bir faydasının olmadığını ve bu sebeple, kendisinin nakilcilikten kurtularak başkalarının yaptıklarından sıyrıldığını ve problemlere artık kendi gözü ile bakabildiğini beyan etmektedir.

El-Cezeri yaptığı çalışmalar sırasında ince ve zor yollardan geçmek durumunda kaldığını ve zaman zaman kendisini sıkıntıda hissettiğini belirtmiş, ancak çalışmalarına yılmadan devam etmiştir. Böylece kendi azim ve gayreti ile uyuşukluğunu kamçılayarak uykuda olan fikirlerini uyandırmıştır.

Bütün bilgi birikimine rağmen yine de hem kendisine, hem de yaptıklarına şüphe ile bakarak, 16. yüzyıl düşünürlerinden Rene

Descartes'in belirttiği şüphe etme duygusuna ondan 400 sene evvelinden sahip olduğunu göstermiş. Böylece yaptıklarının daha da iyilerini geliştirme yolunu açabilmiştir.

El-Cezeri, kitabının önsözünde, daha sonraki yüzyıllar ile günümüzdeki sanayi çalışmalarına halen ışık tutabilecek bir başka cümlesinde "tatbikata dönüştürülemeyen her teknik ilmin doğru ile yanlış arasında kalacağını" ifade etmiştir. Böylece yapılan çalışmaların teoride kalmadan insanlara fayda sağlayacak biçimde, belki de cihazlar aracılığıyla kullanılmasını ve teknolojiye dönüştürülmesini arzu etmiştir.

El-Cezeri sadece merak ettiği bir şeyleri yapmak değil, bunları başkalarına da öğretmenin bilinci içinde bulunuyordu. Bunun için "öğretmek istediği kişilerin de talebine uyarak, yaptıklarının yazılması arzusu için de doğru bir eser bırakmak istedim" demektedir. Böylece kendisinden asırlarca uzak olan insanlarla da irtibatının sağlanmasını düşünmüştür. Ancak "bu fikrimden nüfuz sahibi bir tenkitçinin yanlışlarını bulacağından korktuğum için bu kararımdan vazgeçtim" demektedir.

Daha sonra güzel hikmetlerin çeşitli yönlerini keşfetmek için himmet sahiplerinin kolları El-Cezeri'ye açılmıştır. "Zamanının hükümdar ve filozoflarından o kadar yardım gördüm ki, etkilerinin semeresini toplama devresine eriştim ve çalıştığım gecelerin mehtabı doğdu" demektedir. Onun çalışmalarından haberdar olan Artukoğulları Türkleri Diyarbakır Meliki Ebu-l Feth Mahmud bin Muhammed bin Karaarslan kendisine "Eşi olmayan birtakım planlar yaptın, onları kuvveden fiile çıkardın, kendini bu kadar yorduğun ve temelini attığın şeyleri zayi etme. Senin tarafından yapılan projeleri ve çizilen şekilleri ihtiva eden bir kitap yazmanı arzu ediyorum" demiştir. İşte El-Cezeri'nin "Kitab fi ma'arifat al-hiyal al-handasiyya" adlı eseri böyle bir devlet isteği ve cesaretlendirme ile ortaya çıkarak günümüze kadar gelmiştir. O zamana kadar ve daha sonraki birçok yüzyılda bu yönde başka bir eser ortaya konulamamıştır".

Şen (2002), aynı çalışmasında El-Cezeri'nin yapmış olduğu diğer çalışmaları hakkındaki görüşlerini ise şöyle sıralamaktadır:

"El-Cezeri'nin bir icadı için şöyle demiştir: "Bu sistem dört başı mamur bir emme-basma tulumbasıdır ve insanlık bunu ilk bulan olarak El-Cezeri'ye borçludur".

16. asır başında ilk kullanıma giren buhar makineleri ile 19. asır sonlarında ilk kullanıma giren pistonlu motor krank-biyel ve piston-silindir cihazları bundan 800 sene evvel El-Cezeri tarafından tasarlanıp yapılmıştır.

El-Cezeri tarafından yapılıp kullanılan bir başka yenilik de konik vanalardır. Bunların ilk defa Leonardo da Vinci tarafından 16. yüzyılda kullanıldığı söylenmekte ise de gerçek ortadadır".

Şen, sanırım bu iddiası için El-Cezeri'nin kitabının İngilizce tercümesine bir önsöz yazan meşhur bilim tarihçisi Prof Lynn White'ın; "*Batılı bilginler konik sübabların ilk defa Leonardo'nun çizimlerinde görüldüğünü öğretirler, hâlbuki El-Cezeri'nin resimlerinde de bunlar gözükmektedir*" sözlerini referans almaktadır.

Ayrıca Amerikalı bir bilim tarihçisi olan ve Boğaziçi Üniversitesi'nde de ders veren John Freely'in, "Alaaddin's Lamp" adıyla çıkan kitabında yer alan "*El-Cezeri'nin içlerinde Leonardo da Vinci'nin sözünü ettiği konik vananın da bulunduğu bazı icatları, ileriki dönemlerde Batıda yeniden ortaya çıkmıştır. Bunlardan pompalar ve su çıkarma aygıtları gibi bazıları belli bir iş yapmak için kullanılırken bir kısmı da süs ya da eğlencelikti. Küçük, renkli çizimleri olan çeşmeler, müzik kutuları, su saatleri ve çeşitli bilmeceli kaplar sonuncu gruba girer*" satırları da Şen'in bu konudaki düşüncelerinde ne kadar haklı olduğunu göstermektedir.

Şen (2002), "*İlk defa El-Cezeri tarafından çizilmiş birtakım robotik mekanik cihazlarda yer alan (devrilen tip) kovalar bugün için bile hâlâ kullanılmaktadır. Devrilen kovalar bugün bile modern yağış ölçme saatlerinin vazgeçilmez bir parçasıdır. Bu kova dolunca değişik zaman fasılalarında devrilerek, daha sonraki su dolmasına hazırlanır.*

El-Cezeri (muhtemelen) *orifis formüllerini bilmemesine rağmen hangi debinin ne çapta bir orifisten geçeceğini, orifis çapını yavaş yavaş bir törpü ile genişleterek bulmuştur. Yani burada "teorik çalışmalar" yerine "pratik" ve "el yordamı" ile "ampirik çalışmalar" yapmıştır. İslâm düşünce sisteminde ilk filizlerini veren ampirik (deney, tecrübe) çalışmalarının El-Cezeri tarafından kullanıldığı böylece ispatlanmıştır.*

El-Cezeri'nin bu sistemleri meydana getirirken kullandığı bir başka yöntem de, tasarlamış olduğu cihazların önce kâğıttan maketlerini yaparak, bugün de bilinen geometrik benzerlik kurallarından da istifade ile kafasında canlandırdığı makineye nihai şeklini vermesidir. Aşınmaları önlemek için yağ içirilmiş ahşap şaftların yapılmasını da O bulmuş ve geliştirmiştir.

El-Cezeri'nin yaptığı su yükseltme cihazlarında kullandığı krank mili, kuvvet iletim sisteminin (transmisyon, aktarma mili) bir parçası olarak daha önce yapılmış bazı sistemlerde de mevcut idi. Ancak, bunların hareketi elle sağlanıyordu. Hâlbuki El-Cezeri bu hareketi rüzgâr enerjisi ile sağlamayı başarmıştır. Bu makine krankların ilk misalini teşkil eder. Bunun harekete geçirilmesinde su kuvveti kullanılmamıştır. Bugünkü krank milleri kızgın buhar, yanmış-kızgın gaz ve elektrik enerjisiyle sağlanmaktadır. Bu cihazın ilgi çekici üç özelliği bulunmaktadır. Birincisi; bir hareketle iki yönde münavebeli (gidip-gelmeli) çalışan iki pistonun bir arada bulunması, ikincisi; dönüş hareketinin yani harmonik hareketin ileri geri yatay hareket haline dönüştürülmesi, üçüncüsü de; emme-basma tulumbasının en basit misalini teşkil etmesidir. Bu sebeplerle El-Cezeri'nin bu çift tulumba sistemi, 19. asrın başlarında icat edildiği bilinen buhar makinelerinin öncüsü ve ayrıca iki yönde hareket eden modern pompaların ilk örneğini temsil eder".

Bilim ve Ütopya Dergisi de Ocak 2002, 91 nolu sayısında El-Cezeri'ye "*Robotların ve otomasyonun atası Ebûl-İzz el-Cezerî* " kapağıyla elli bir sayfa ayırmıştır (Şekil 15).

Şekil 15. Bilim ve Ütopya Dergi Kapağı (http://urun.gittigidiyor.com/kitap-dergi/bilim-ve-utopya-dergisi-ocak-2002-sayi-91-92484967)

Tekeli ve ark. (2002)'nin aktardığına göre; "*El-Cezeri'yi ilk tanıtan, Arapçayı iyi bilen fizikçi Eilhard Wiedemann (1852-1918) olmuştur. Mühendis Fritz Hauser ile birlikte yaptıkları yayınlar gerçekten çok önemlidir. İlk araştırmacılar arasında Carra de Vaux'dan da söz etmek gerekir. Ayrıca, Coomaraswamy de Topkapı nüshasına dayanarak metnin minyatürleri açısından bir değerlendirmesini yapmıştır. Bunlara Sarton'u, Winter'ı, Needham'ı, White'ı ve Drachmann'ı katabiliriz.*

El-Cezeri üzerindeki en önemli çalışma, İngilizce çevirisi ve açıklamalarıyla birlikte Hill tarafından gerçekleştirilmiştir. Olağanüstü bir çalışmanın ürünü olan bu eser (The Book of Knowledge of Ingenious Mechanical Devices), İslâm Dünyası teknoloji tarihinin önemli yapı taşlarından biridir. Göğüslenmiş büyük zorluklar karşısında, söz etmeye değmeyecek ufak tefek hatalar bir tarafa, orijinal resimlerinin yanına eklenen çizimlerle, metin çok kolay anlaşılır bir duruma getirilmiştir. İngilizce çevirisinin hazırlanmasıyla ilgili olarak, kitaba ön söz yazan Lynn White, İstanbul'a geldiğinde Cezeri'nin Ayasofya Kütüphanesi'ndeki yazmasını görüyor ve şöyle diyor: "Dönüşümde meslektaşım Gustave von Grunebaum'a, Cezeri yayınlanmadıkça İslâm ve Batı arasındaki mühendislik ilişkilerinin anlaşılamayacağını söyleyip duruyordum, o da bana bu işin üstesinden gelecek düzeyde teknolojiyi ve Arapçayı bilen biri var mı? diye karşılık veriyordu".

"En sonunda Arapçayı iyi bilen, İslâm tarihinde uzman bir mühendis bu işi başardı. İlk çevirisi olması sebebiyle bazı hatalar içerebilir. Eğer böyle şeyler var ise, ilerde yayınlanacak metinlerde düzeltilecek ve ilginç konular keşfedilecektir. Gerçek şudur ki, Dr. Hill bu cildi hazırlamakla yeni bir tarihsel konunun, Ortaçağ İslam Dünyası mühendisliğinin inşasında önemli bir köşe taşını yerleştirmiş oldu"

Daha sonra Topkapı Ahmet III nr. 3472 ve nr. 3461, Topkapı Hazine nr. 414, Ayasofya nr. 3606, Bodleian Graves nr. 27 nüshalarının karşılaştırılmasıyla Kasım Ecnebi tarafından bir kritik metni ve Ahmed Hassan tarafından da 1979'da Arapça bir kitabı hazırlandı.

El-Cezeri üzerine dikkatlerin çekilmesiyle Türkiye'de de tanıtma niteliğinde makaleler kaleme alınmış, bilimsel toplantılar düzenlenmiştir. 1990'da da Kültür Bakanlığı, özellikle resimleri açısından en mükemmel ve en eski nüshasının tıpkıbasımını hazırlamakla önemli bir boşluğu doldurmuş oldu".

Unat'ın (2004), konuyla ilgili aktardığı bilgiye göre; "*Türkiye'de teknoloji ve mekanik tarihine ilişkin olarak bilginler içerisinde en fazla çalışma El-Cezeri üzerine yapılmış çalışmalardır. Bilginler arasında çalışılan en fazla kişi El-Cezeri ve otomatlarına ilişkin kitabıdır. El-Cezeri'yi ilk tanıtan, fizikçi Eilhard Wiedemann'dır (1852-1918). Coomaraswamy'de El-Cezeri'nin "El-Câmi' Beyne'l-'İlm ve'l-'Amel En-Nâfi' Fî Es-Sınaâ'ti'ül-Hiyel" (Olağanüstü Mekanik Araçların Bilgisi Hakkında Kitap) adlı eserini Topkapı nüshasına dayanarak metnin minyatürleri açısından bir değerlendirmesini yapmıştır. El-Cezeri üzerindeki en önemli çalışma, İngilizce çevirisi ve açıklamalarıyla birlikte Donald Hill tarafından gerçekleştirilmiştir. Olağanüstü bir çalışmanın ürünü olan bu eser (The Book of Knowledge of Ingenious Mechanical Devices, Dordrecht ve Boston, 1974), İslâm Dünyası teknoloji tarihinin önemli yapı taşlarından biridir. Hill, orijinal resimlerinin yanına eklediği çizimlerle, metni çok kolay anlaşılır bir duruma getirmiştir. Türkiye'de ise El-Cezeri, Toygar Akman, Atilla Bir, Mahmut Kayral ve Kâzım Çeçen'in yaptığı çalışmalarla tanınmış, Ancak El-Cezeri'nin otomatlar kitabının tamamının Türkçe'ye çevirisi, Ankara Üniversitesi, Dil ve Tarih-Coğrafya Fakültesi, Bilim Tarihi Anabilim Dalı öğretim üyeleri Prof. Dr. Sevim Tekeli, Prof. Dr. Melek Dosay Gökdoğan ve Doç. Dr. Yavuz Unat tarafından 1995 yılında başlanan bir çalışma ile 2002'de yayımlanabilmiştir*" Şekil 16).

Şekil 16. El-Cezeri'nin Kitabının Türkçe Çevirisi (http://www.ttk.gov.tr/index.php?Page=Yayinlar&KitapNo=797)

Ayrıca; 1200'lü yıllarda dünya bilim tarihinde çığır açan buluşlara imza atan El-Cezeri'nin hayatı ve çalışmaları bir belgesel filme de konu olmuştur. Yönetmenliğini Duygu Yılmaz'ın, proje ve metin yazarlığını da Beykent Üniversitesi Güzel Sanatlar Fakültesi Sinema TV Bölümü öğretim üyesi Prof. Dr. Oğuz Makal'ın üstlendiği film, bilimin İslam toplumlarında eriştiği yüksek seviyeyi bir defa daha gözler önüne sermiştir. Belgeselde dünyada ilk robotun El-Cezeri tarafından yapıldığı anlatılmaktadır. Bu belgeselde geçen röportaj ve bilgilere de bu çalışma da yer verilmiştir (Makal, Tekeli, Unat, Dinçtürk 2007 gibi).

Makal (2007), konu ile ilgili şunları söylemiştir. "*El-Cezeri Artukoğulları Sultanı Nasuriddin Ebul Feth Mahmud bin Muhammed bin Karaaslan'ın babası ve kardeşinin hizmetinde bulunmuş, Sultan Nasuriddin Mahmud'un isteği üzerine 1205 yılında adı günümüz Türkçesine "Olağanüstü Mekanik Araçların Bilgisi Hakkında Kitap" olarak uyarlanabilecek kitabı yazmıştır. Kitap su saatleri, otomatik kontrol düzenleri, fıskiyeler, kan toplama kapları, şifreli anahtarlar ve robotlar gibi pratik ve estetik birçok düzenin tasarımını, bunların nasıl gerçekleştirileceklerini anlatan bilgi ve çizimleri içermektedir.*

50 çizim ve 6 kısımdan oluşan kitabın ilk 4 kısmı 10'ar, son iki kısmı da 5'er bölümden meydana gelmektedir. Bu kısımlar su saatleri ve kandil saatleri, ziyafetlerde kullanılan kaplar ve sürahiler, el yıkama ve kan alma için kullanılan kaplar, çeşmeler ve mekanik yollarla hareket eden otomatik müzik aletleri, su çıkartan makineler, çeşitli özellikte aletler üzerinedir."

Unat (2007), El-Cezeri ile ilgili kendisiyle yapılan röportajda şunları söylemektedir. "*El-Cezeri bizim tarihimiz açısından oldukça önemli bir kişi. Kendisi Türk ve otomatlar tarihinde önemli bir bilim adamı, bir mekanikçi ve O'nun yazmış olduğu bir kitap bilim tarihi ve mekanik tarihi açısından büyük önem taşıyor. Bu kitap, zamanımıza kadar ulaşan bir kitap. El-Cezeri aslında Dünya teknoloji tarihi literatüründe tanınan bir isim ve sıkça adı geçen bir isim. Batıda El-Cezeri üzerine çalışan birkaç önemli kişi görüyoruz. Bunlardan biri Wiedemann. Wiedemann El-Cezeri'nin kitabının çeşitli bölümlerini çevirmiş. Bunun dışında kitap İngilizceye tam olarak 1974 yılında Donald Hill tarafından çevrilmiş. O'nun çevirisi teknoloji tarihi açısından önemli ve Batılıların büyük ilgisini çekmiş. Yaptığı araçlar Batıda büyük bir önem kazanmıştır. El-Cezeri'nin Türkiye'de tanınması aşağı yukarı 1975'ler civarında Toygar Akman sayesinde olmuş. O'nun El-Cezeri'nin Hill'in çevirdiği İngilizce kitabına bakarak araçlarının bir kısmını Tübitak Dergisinde yayınladığını biliyoruz. Bilim tarihçisi olarak kitabın yorumlanması çok daha geç bir tarihle bizimle oluyor. Kitabın bir nüshası olan Arapça nüshası Topkapı müzesindeydi. Bu nüsha bize sağlandı. Biz de çalışmamızı bu Topkapı nüshasını esas alarak tamamladık. Kitap mekanik tarihi açısından çok önemli. İlk çevirmeye başladığımızda biz de heyecanlıydık ama çeviri ilerledikçe çok daha fazla heyecanlandık ve açıkçası gurur duyduk. Bir Türk'ün bu derece önemli araçlar yapması bizim tarihimiz açısından çok önemliydi. Hem mekanik araçları geliştirmiş, hassas hale getirmiş hem de bizim bugün kullandığımız bazı araçların ilk örneklerini, ilk prototiplerini yapmış. Örnek olarak kralın eline su döken ve suyu döktükten sonra diğer eliyle havlu uzatan bir robot* (Şekil 17). *İşleme prensibi tamamen su, hava ve denge prensibine dayanıyor. Ama günümüzde robotun ilk biçimi olarak tanımlayabileceğimiz bir araç. Bu bakımdan robot tarihi açısından da El-Cezeri büyük önem taşıyor. Tarihte sibernetiğin kurucusu ünvanını ve ilk otomatik sistemleri ortaya koyma onurunu alan El-Cezeri'nin Anadolu ve İslam'ın büyük bir mühendisi ve mucidi olduğu gerçeği şu ana dek anlatılanlar kadar teknik planları çıkartılıp çalıştırılan örnekleriyle de kanıtlanmaktadır".*

Şekil 17. Abdest Almak İçin Efendinin Eline Su Döken Bir Çocuk

(Türkçe Çeviri, 2002)

Ayrıca Makal (2007), El-Cezeri'nin kitabında yapmış olduğu çizimlerle ilgili olarak da görüşlerini şöyle ifade etmektedir. "*Minyatür sanatının ince bir örneği de sayılabilecek bu çizimler günümüzde bu sanatla ilgilenenlerin hayranlığını ve ilgisini çekecek özelliktedir.*

Kitapta her aletin şekli renkli mürekkeplerle çizilmiş ve çalışması ayrıntılı olarak açıklanmıştır. Bu ayrıntılar da çeşitli renklerle gösterilmiştir. Ayrıca şekillerde Arap harfleri kullanılarak bazı parçalar işaretlenmiş ve metinde bunlara göndermeler yapılarak açıklamaların anlaşılması kolaylaştırılmıştır. Bazı nüshalarda ise bu harflerin ebcet değerleri göz önüne alınmış, bazılarında da henüz açıklanamayan gizli bir harf sistemi kullanılmıştır. Metinde aletlerin imal sırasına göre parçaları tek tek anlatılarak montaj usulüyle açıklanmış ve son olarak o aletin çalışması hakkında bilgi verilmiştir".

Nitekim bu çizimler minyatür sanatçısı Leman Dinçtürk'ün de dikkatini çekmiş ve bu çizimlerle tanışma hikâyesini şöyle anlatmaktadır:

"25 yıl oluyor minyatür sanatıyla tanışalı. Öncesinde tezhip, sonrasında minyatüre başladım. 20 sene önce El-Cezeri'nin hazırladığı otomatlarla ilgili dokümanları elime geçince bir tutku haline dönüştü. Nasıl bulurum, bu kitaba nasıl erişebilirim. Yavaş yavaş El-Cezeri kitabına böyle ulaşmaya başladım. Tabi Arapça yazılı olduğu için neyi nasıl yapmış El-Cezeri benim için bir muammaydı. Tamam, aslına uygun olarak çiziyorum, biraz düzelterek yapıyorum ama neyi nasıl yapmış, ne malzemeler kullanmış bunları hiç bilmiyordum. Ankara'dan Türk Tarih Kurumu'ndan Sevim Tekeli hocanın ve yardımcıları Melek Dosay, Yavuz Unat hocaların hazırlamış olduğu Türkçe basımlı kitaba ulaşmamızı sağladılar. Ben neyi nasıl yaptığını öğrenmeye başladım. Kullandığı malzemeler pirinç, bronz, su hazneleri, bilyeler, bazı yerde misketler

kullanmış ki yani bugün bile şaşırıyorum. O bilyeleri nasıl bir araya toparlayıp kullanmış. Bazısında ebatlar var, birebir ölçüde kitabın bir bölümünde onları da vermişler. Benim için önemli olan minyatür sanatıyla olan bağlantısı. Birebir ölçüde aslına uygun olarak önce eskiz kâğıdına alıyorum, sonra çalışacağım karton üzerine geçiriyorum ve boyamaya başlıyorum. Kullandığım malzemeler altın, gümüş ve guaj boya. Bazı noktalarda bronza, pirince benzetmek için sarı yaldız kullanıyorum, bazen yaldızın içine yeşil katıyorum. Bütün arzum bizim genç kuşaklarımızın El-Cezeri'yi tanımaları, böyle bir mekanik aletlerin yüzyıllar öncesinde nasıl yapıldığını görmeleri" (Dinçtürk 2007).

Moon (2007), Leonardo da Vinci ve Franz Reuleaux: Makine Mühendisleri adlı çalışmasında El-Cezeri ve çalışmalarıyla ilgili; *"Roger Bacon gibi düşünürlerin, Villard Honnecourt ve belki de Arap yazar El-Cezeri gibi genç ortaçağ matematik ve mekanik bilginlerinin de etkisinin olduğunu, fakat Rönesans mühendislerine ilişkin direkt bir bağlantının kesin olmadığını"* belirtmektedir. Söz konusu çalışmanın başlığında ve akışında geçen "etki" sözcüğü, "makine mühendisleri üzerindeki etki" şeklinde yorumlanmıştır. Bu çalışmadan batılı bilim insanlarının El-Cezeri hakkındaki iki kanaati ön plana çıkmaktadır. Bunlar, 1) Arap kökenli olduğu 2) bilinen diğer batılı bilim insanları gibi makine mühendisleri üzerinde etkisi olan önemli bir makine mühendisi olduğu yönündeki kanaatleridir. Ayrıca yazar, *"karmaşık (kompleks) makinelerin, 13. yüzyılda Villard de Honnecourt'un (Wilars de Honecort) eskizlerinde ve El-Cezeri'nin çizimlerinde görülebildiğini de"* sözlerine eklemektedir.

Sezgin (2008) de yaptığı bir çalışmasında, El-Cezeri'nin yapmış olduğu icatlara geniş yer ayırmıştır. Çalışmasının pompa düzenekleri başlığı kısmında; El-Cezeri'nin kitabındaki su kaldırma makinelerinin çalışma sisteminden, otomatlar başlığı kısmında; El-Cezeri'nin kitabındaki fıskiyelerin çalışma sisteminden, kilitler başlığı kısmında ise; El-Cezeri'nin kitabındaki şifreli kilitlerin çalışma sisteminden detaylı olarak bahsetmektedir.

Vukobratovic (2009)'un aktardığına göre; "*Günümüz robot konseptine benzer kavramların M.Ö. 450'lerde bulunabildiğini, Yunan matematikçi Taren'in "The Pigeon" adlı mekanik bir kuş tasarladığını ve bir Türk mucit olan El-Cezeri (1136-1206)'nin su saatleri, mutfak aletleri ve su ile çalışan müzikal aletler (otomatlı) tasarladığını ve yaptığını belirtmektedir*". Burada yabancı bir yazarın El-Cezeri'den "bir Türk mucit" olarak söz etmesi dikkat çekmektedir.

Küçükaksu (2009) da, El-Cezeri'den "*... Sibernetiğin kurucusu olan Türk Mühendis El-Cezeri ....*" şeklinde söz etmektedir.

13.03.2009 tarihinde History Channel'da yayınlanan "*İslam Dünyasındaki Mucitler*" adlı bir belgeselde El-Cezeri'nin bilimsel kişiliği, yapmış olduğu çalışmalar ve çalışmalarından bazısının üretilmiş prototipleri geniş bir şekilde ele alınmıştır. 45 dakikalık belgeselin büyük bir bölümü El-Cezeri'ye ve yapmış olduğu çalışmalara ayrılmıştır. Kanal belgesel konusunun açıklama kısmında "*Bu bölümde İslam Dünyasının en büyük mühendislerinden biri olan Al Jazari'nin yapıtlarını inceliyoruz*" ifadelerini kullanmıştır.

Belgeselde El-Cezeri için şu ifadeler kullanılmıştır. "*........ Teknolojinin tarih kitaplarında, dev gibi duran bir mucit vardır. Ancak, O'nun şaşırtıcı mirasından Batı tamamen habersizdir. Onun adı El-Cezeridir ve Doğunun mühendisliği hakkında yazılar yazmıştır. Metinler "Dâhiyane Mekanik Cihazların Bilgileri" kitabı olarak bilinmektedir.*

O'nun çalışmaları o kadar önemliydi ki eğer O'nun tarifleri olmasaydı bugün Doğu teknolojisinin 500 yıllık gelişimi kaybolacaktı. Türkiye İstanbul'daki dünyaca ünlü Topkapı Müzesinde El-Cezeri'nin el yazmalarının nadir bir kopyası vardır. Metinler 1206 yılında yazıldı ve modern mühendisliğin önemli sistemlerinden birçoğunun projelerini içermektedir".

Aynı belgeselde Oxford Üniversitesinden Dr. Emilie Savage-Smith El-Cezeri için *"Adının da gösterdiği gibi El-Cezeri 12. yüzyılın başlarında ve 13. yüzyılda Kuzey Irakta* (Cizre ve Diyarbakır) *yaşadı ve çok yetenekli bir mühendisti"* ifadelerini kullanmıştır.

Mehmet Altan 20.08.2010 tarihli Star Gazetesi'ndeki köşesinde "*İSLAM'IN LEONARDO'SU*" başlığı ile kaleme aldığı yazısında, El-Cezeri'yi çarpıcı bir şekilde ele almaktadır. Yazısında, El-Cezeri'nin eserlerinin sergilendiği Londrada'ki "1001 İcat" adlı sergiyi yarım milyon insanın ziyaret ettiğini ve aynı serginin Türkiye'deki açılışında Başbakan'ın "*kendisi için hayret uyandıran ve Cizreli bir bilgin olan ve İslam dünyasının Leonardo Da Vinci'si olarak adlandırılan El Cezeri'nin robotlar, saatler, kan toplama kapları, su makineleri, şifreli kilitler, termos, otomatik çocuk oyuncakları gibi buluşlarının bugün bile hayranlık uyandıracak değerde olduğunu*" dediğini belirtmektedir. Aynı yazar 31.01.2010 tarihli başka bir yazısında da, yine El-Cezeri'den söz etmektedir. Yazarın akademisyen olması konu ile ilgili yazılarını daha da anlamlı kılmaktadır. Yine Altan'ın "İslâmın Leonardo'su" başlığına atıfen şunlar söylenebilir: El-Cezeri ve çalışmalarına zamanında sahip çıkılmadığı/çıkılamadığı için El-Cezeri, Dünya bilim tarihinde Leonardo da Vinci kadar tanınamamış ve literatürde "İslâm Dünyasının da Vinci'si" adıyla yer bulamamıştır.

12. asırda Artuklular döneminde yaşayan İslâm mucidi El-Cezeri'nin otomasyon sistemleri ve robotlar üzerine yaptığı çizimler, Sakarya Üniversitesi Meslek Yüksekokulu öğretim üyesi Dr. Abdullah Uzun tarafından "İsmail El Cezeri ve Otomasyon Sistemleri" adlı bir kitapta toplandı. Kitabı kaleme alan Uzun, 2011 yılında Anadolu Ajansı muhabirine yaptığı açıklamada, "*12. asırda yaşayan El-Cezeri'nin yazdığı "El-Cami Beyne'l-İlm ve'l-Ameli'n-Nafi fi Sınaati'l-Hiyel" kitabının 15'e yakın kopyasıyla birlikte günümüze kadar ulaştığını söylemiştir*".

Vijay Kumar, ABD'nin Alaska Eyaletinin Anchorage kentinde IEEE Robotics & Automation Magazine tarafından gerçekleştirilen Uluslararası Robotik Konferansı ve Otomasyon (ICRA) konulu robot bilim teknolojisinin 50. yılı kutlamaları sırasında yaptığı sunumda; *"Robot teknolojisinin tam olarak ne zaman başladığının ve gelecekte tarihçilerin bu alanla ilgili ne gibi spot başlıklar atacağının bilinmediğini ve bunun tespitinin de oldukça güç olduğunu, insanoğlunun geçmişten bu yana bu tür makinelere büyük bir ilgi duyduğunu söylemiştir"*. Ayrıca, bu tür makinelerden (robotlardan) ilk olarak Yunanlıların söz ettiğini, El-Cezeri'nin 13. yüzyılda bunu tasvir ettiğini ve 15. yüzyılda ise Leonardo da Vinci'nin çizimlerini tasarladığını belirtmiş ve daha sonra bu çalışması makale olarak yayımlanmıştır (Kumar 2010).

Ancak ortaya koyduğumuz bu çalışma, bu tür robotik sistemlerin çizimlerinin Leonardo Da Vinci'den çok önceleri (XIII. yüzyılda) El-Cezeri tarafından yapıldığını göstermektedir. El-Cezeri'nin kendi orijinal kitaplarındaki çizimleri bunun açık bir kanıtıdır. Akman 1973 ve Şen 2002'de bu durumu teyit etmektedir. Ayrıca El-Cezeri'nin Da Vinci'den farklı olarak çalışmaları ile ilgili yeterli detayı vermesi ise O'nu diğer araştırmacılardan farklı kılan önemli bir unsurdur. Bu özelliği nedeniyle birçok makineleri O'nun tarifleri ile inşa edilebilmiştir (Bedirhanoğlu 2013).

Temiz (2012), de konuyla ilgili olarak şunları söylemektedir: "*Sibernetik, bir haberleşme, kontrol, denge kurma ve ayarlama bilimidir. Modern sibernetiğin kurucularından sayılan İngiliz nöroloji Profesörü Dr. Ross Ashby, 1925 yıllarında üstün denge durumunu ortaya attığı zaman, otomatik olarak işleyen sistemlerin üstünde, bunları kontrol eden sistemlerden söz etmişti. Hâlbuki bu bilginden tam 800* (yaklaşık 700) *yüzyıl önce bir Türk Bilim Adamı olan El-Cezeri, (?-1206), otomatik çalışan sistemler üstünde, bunları otomatik olarak kontrol eden denge durumu sistemlerini kurmayı başarmış ve bunları çalıştırmıştır. El-Cezeri, Diyarbakır'da Artuklu Türkleri zamanında yaşamış bir ilim adamımızdır. El-Cezeri, Kitabü'l Hiyel, "Görüntüler Kitabı", adlı eseri ile Sibernetik ilminin ilk kurucusu olmuştur. Zamanımızdan 8 asır önce Diyarbakır'da Artuklu Hükümdârı Sultan Mahmut bin Mehmet bin Karaaslan, sarayın başmühendisi olan El-Cezeri'yi huzuruna çağırarak şöyle der:*

"Mühendis Başı!.."

"Bilirsin ki, abdest işlerinde adamlarımın bana su dökmelerine rızam yoktur. Bana öyle bir şey yapasın ki, ben onunla iştigal edeyim." Bu emri alan başmühendis, El-Cezeri derhal işe koyulur ve otomatik bir su dökme makinesi yapar. Onun yaptığı otomatik makineleri bu arada su dökme makinesinin resimlerini Bilim ve Teknik dergisinin 110 ve 112. sayılarında merak edenler görebilirler. Bilim adamımızın 55 âdet su, mekanik ya da sedef bilyeler ve miller yardımıyla türlü türlü yürüyen ve hizmet eden robot adamlar, mızıkalar, orglar, eğlence araçları, bentler ve barajlarda kullanılan çark sistemleri ve kilit mekanizmaları gibi âletler yapmıştır".

Her ne kadar Temiz, El-Cezeri'nin Kitabü'l Hiyel, "Görüntüler Kitabı", adlı eseri ile Sibernetik ilminin ilk kurucusu olduğunu söylemekte ise de yaptığımız araştırmalara göre bu bilgi doğru değildir. Çünkü, Kitâb el-Hıyal; Benû Musa kardeşler olarak bilinen ve Musâ b. Şakir'in üç oğlundan biri olan Ahmed'in eseridir. Bununla ilgili olarak Tekeli ve ark. (2002)'nin aktardığına göre; "*Mekanik bilimlere dair önemli bir eser olan Kitâb el-Hiyel'in Vatikan (317), Berlin (Gotha, Ahlward 5562, Pertsch 1349) ve Topkapı sarayında (A. 3473) olmak üzere üç nüshası vardır. Eserin Almancaya kısmi bir çevirisi, ayrıca Donald Hill tarafından ise İngilizceye çevirisi yapılmıştır. (D. Hill, The Book of Ingenious Devices (Kitâb al-Hıyâl) by the Banû (sons of) Mûsâ bin Shâkir, London,1979). Ayrıca eser, 1990 yılında Atilla Bir tarafından tekrar İngilizceye çevrilmiştir (A. Bir, The Book of "Kitâb al-Hiyal" of Banû Mûsâ bin Shâkir, İstanbul,1990).*"

El-Cezeri'nin "El-Câmi' Beyne'l-'İlm ve'l-'Amel En-Nâfi' Fî Es-Sınaâ'ti'ül-Hiyel" adlı eseriyle Sibernetik biliminin ilk kurucusu olduğunu söylemek daha doğru bir ifade olacaktır. Ve sanırım yazar da, El-Cezeri'nin bu eserini kastetmektedir ve ayrıca literatüre giren yanlış bilgilerden biri de "Kitabü'l Hiyel" adlı eserin El-Cezeri'ye aitmiş gibi gösterilmesidir. Ben bunun nedeni olarak da, iki eserin İngilizce isimlerinin birbirine benzemesinden dolayı karıştırıldığı kanaatindeyim.

Yazar ve gazeteci Cemil Ertem 03.06.2012 tarihli Star gazetesindeki köşesinde *"Diyarbakır'da El Cezeri Teknoloji Üniversitesi Niye Yok?" başlıklı yazısında El-Cezeri ile ilgili şu ifadelere yer vermiştir. " …… El Cezeri'nin, el yazısı kitap kopyaları halen insanlığın elinde. Bu şaşırtıcı kitaplarda, El Cezeri'nin günümüze ışık tutan bir sibernetikçi, elektroniğin atası, makine mühendisliğinin ilk kurucusu olduğunu görürüz. Yani,*

Avrupa'da bilim insanları engizisyon mahkemelerinde ölüme yollanırken, Diyarbakır'da Artuklular mekanik biliminin ilk uygulamalarını hayata geçiriyorlardı. Diyarbakır, El Cezeri sayesinde sibernetiğin, mekaniğin ve elektroniğin temellerinin atıldığı ilk yerdir. Artuklu sarayı, 1180'lerde kaloriferlerle ısınıyor, birer mekanik harikası olan robotlar hayatı kolaylaştırıyordu. Batı, El Cezeri'nin çizimlerini ve o dönem yaptıklarını ancak sanayi devriminde hayata geçirebilecekti. Alman fizikçisi E. Wiedemann, 1880'de El Cezeri'nin çizimlerini ancak kopya eder ve Alman sanayicilerine satar. Mekaniği doruk noktasına çıkaran Alman sanayisinin arkasında El Cezeri'nin dehası vardır. Peki, neden El Cezeri'nin yaptıklarını Batı 'gerçeğe' dönüştürmüş de biz yanından bile geçmemişiz. Bunu yalnız Batı'nın kurnazlığı, aç gözlülüğü ile açıklayabilir miyiz? Bugün neden Diyarbakır'da bir El Cezeri Teknoloji Üniversitesi yok? ". Sayın Ertem'in bu haklı serzenişine katılmamak mümkün değil. Ayrıca, Diyarbakır'da El-Cezeri'nin anısına bir teknik üniversite kurulması fikri de kitabın sonuç ve öneriler kısmında öneri olarak sunulmuştur.

Yaşın (2012), El-Cezeri'yi nasıl tanıdığını ve O'nun tanıtılması adına yaptıklarını şöyle anlatmaktadır. "*Ben 1969 yılında 8 satırla Ebul-İz'i tanımıştım. Arapça, Osmanlıca, İngilizce ve diğer dillerden araştırarak Ebul-İz'i gün ışığına çıkardım. 1982 yılında kendi sokağıma İsmail Ebul-İz adını verdirdim. 1983 yılında halka bir mescit yaptırarak Ebul-İz Camii adını verdirdik. 1969'dan 1989'a kadar Cizre'de hangi okul yapılmışsa adının Ebul-İz olması için müracaat ettiğimde red edildi. Nihayet Mardin İli ve ilçeleri arasında eğitim alanında birinci gelip "Yılın Öğretmeni" seçilip, Ankara'da Cumhurbaşkanı ve Milli Eğitim Bakanına kitabımı verdiğimde Ebul-İz'i onlara anlattım. Bundan sonra Mardin'e dönüp İl Milli Eğitim Müdürü Turgut Saygın'ın desteğini de alarak, Mardin Valisi Aykut Ozan'a Cizre'de yeni açılacak okula İsmail Ebul-İz adının verilmesini istediğimde kabul ettiler. Sonra Cizre Kaymakamı Mustafa Büyük'e bu konuları anlattığımda o da buna evet deyince, okula 1990'da "İsmail Ebul-İz" adı verildi. Ebul-İz'i öğrenci, öğretmen ve okula gelen misafirlerin daha iyi tanıması için okulda "İsmail Ebul-İz" köşesi yaptırdım. 1995 yılında onun adına İsmail Ebul-İz El-Cezeri Kütüphanesi açtık. 1996 yılında İsmail Ebul-İz El Cezeri Müzesi açtım. Bastırmış olduğum kitaplarım ve broşürlerde, gazete ve dergilerde hep Ebul-İz'i anlattım. Dünyada tamamıyla ün salmış olan merhum Ebul-iz el Cezeri için büyük Hindistan âlimlerinden olan Şeyh Şibli el-Nu'mani el Hindi, yazar ve âlim olan Cürci Zeydan'a yazmış olduğu bir mektupta Ebul-İz'in hem bir kitabını gönderir hem de Ebul-İz için şöyle der: "Resisulamal Bediuzzaman Ebul'iz İsmail bin Rezzaz el-Cezeri" zamanında yapmış olduğu makine ve fen-teknik aletleri, planları için, zamanın güzeli anlamında kendisine Bediuzzaman denilmiştir. Ayrıca çalışanların ve işçilerin reisi olarak ün salmıştır.*

Diğer yandan "Cizre Ejderleri" de onun başka bir eseridir. Meşhur Cizre Ejderleri, Ebul-İz tarafından XII. yüzyılda kazıma tekniği ile tunçtan Cizre Ulu Camii iç kapısının tokmakları olarak yapılmıştır. Sfenks ejderler; badem gözlü, sivri kulaklı, kanatlı yaratıklara benzetilmiş ve birbirlerinin kanatlarını ısırır şekilde yapılmışlardır. Gövdeleri yılan derisine benzetilmiştir (Şekil 18).

Şekil 18. Cizre Sfenksleri (http://elcezeri1136.blogspot.com.tr/)

Ejderlerden biri Dicle, diğeri Fırat Nehri'ni, ortadaki aslan başı Cizre insanını, alt bölümdeki kartallar ise savaş gücünü simgeler. Cizre Ejderleri Ulu Camii kapısında kapı tokmağı şeklinde sağlı ve sollu olmak üzere iki adet iken, ejderlerden bir tanesi 1969 yılında Danimarka'ya kaçırılmış olup, diğeri ise "İstanbul Türk İslam Eserleri" Müzesi'nde sergilenmektedir" (Şekil 19).

Şekil 19. Türk ve İslam Eserleri Müzesinde Sergilenen Cizre Ulu Camii'nin Kapısı

(http://elcezeri1136.blogspot.com.tr/)

Makal (2007), de *"..... Ebu Kasım Mahmut Sercerşah döneminde tokmakları ejder figürlü Cizre Ulucami kapısını da El-Cezeri yapmıştır"* ifadeleri ile Cizre Ulu Camii kapısının El-Cezeri tarafından yapıldığı konusunda Yaşın'ı doğrulamaktadır.

4. El-Cezeri'nin Çalışmaları

Bu bölümde; El-Cezeri'nin kitabıyla ilgili Tekeli ve ark. (2002)'nin yapmış olduğu çalışma incelenmiş ve bu çalışmanın; El-Cezeri'nin yapmış olduğu çalışmalara kadar olan dönemi kapsayan tarihsel gelişim süreci, El-Cezeri ile ilgili literatür çalışmaları ve El-Cezeri'nin çalışmalarıyla ilgili uygun görülen kısımları kitaptan alıntılar yapılarak aynen aktarılmıştır.

Makal (2007), El-Cezeri'nin yapmış olduğu çalışmalar ile ilgili düşüncelerini şu şekilde ifade etmektedir: *"El-Cezeri'nin aletleri yerçekimi kuvvetiyle çalışır ve bu kuvvet düşürülen bir ağırlık, boşalan bir kaptaki şamandıra veya batan bir cisimle elde edilir. El-Cezeri kullandığı makine parçalarını ve imal usullerini de en ince ayrıntılarına kadar tanımlamıştır. Büyük bir kısmı bugün Avrupa mühendislik terminolojisine giren makine parçaları üzerine yaptığı çalışmaların en önemlileri konik vanalar, kapalı kum kutularında pirinç, bakır döküm ve tekerleklerin balansıdır. El-Cezeri'nin mühendislik harikaları kâğıttan maketlerin yapılması, su akıtan savakların ayar edilmesi, çarpmayı en aza indirmek için ahşabın tabakalar halinde kullanılması, gerçek anlamda emme borusunun kullanılması, suyunu belli bir zaman aralığıyla boşaltan kaplar ve daire sektörü dişlidir. Bunlardan bir kısmının yüzyıllar sonra Avrupa'da adeta yeniden keşfedildiği bilinen tarihi bir gerçektir. Konik vanalardan ilk söz eden Leonardo Da Vinci'dir. El-Cezeri kendi yaptığı abidevi su saatinin Arcihemed'in yaptığı su saatine dayandığını söyler. El-Cezeri esas itibariyle bir mucit değil, bir mühendistir ve görevinin kendinden öncekilerin yaptığı aletleri mükemmelleştirmek olduğu kanaatindedir. Bu noktadan bakıldığında eserinde teori ve pratiğin eşit ağırlıkta olduğu, hatta bazı yazarlara göre aletleri yapmak için gerekli pratik bilgi ve kuralların ağır bastığı hissi verir. El-Cezeri'nin tarif ettiği bazı makinelerin pratik yararları oldukça büyüktür".*

Makal, konuyla ilgili belgeselin devamında; "..... *Artuklu sarayında yaşamı 1174 ile 1206 arasında geçen El-Cezeri'nin 60-70 yaşlarına kadar yaşadığı tahmin edilmektedir* (80 yıl yaşamıştır). *El-Cezeri hiç kuşku yok ki kendinden yüzyıllar önce Bizanslı bilgin Philon'nun su gücünden yararlanarak kurduğu otomatik sistemleri ve İskenderiyeli Heron'un hava basıncı ve su buharından yararlanarak kurduğu otomatik aygıtları incelemiştir. El-Cezeri'nin otomasyon evrim tarihindeki yeri kendinden öncekiler yalnızca kendiliğinden çalışan otomatik sistemler kurduğu halde, O'nun kendi kendine çalışırken kendi kendine dengeler kuran ve ayarlamalar yapan sistemler kurabilmiş olmasıdır".*

"..... *Çağın harika bilgini El-Cezeri'nin bu ilginç otomatlar kitabı Türkçeye ancak 2002 yılında çevrilebilmiştir"* ifadelerini kullanmıştır.

El-Cezeri M. 1181 yılında başlayıp 25 yıl süren icatlar kataloğunu zamanın resmi dili olan Arapça ile yazmıştır. El-Cezeri, bilim ve teknoloji tarihinde yaptığı olağanüstü buluşlarla ve otomatlarla tanınmaktadır. Bu konuda yazmış olduğu "Olağanüstü Mekanik Araçların Bilgisi Hakkında Kitap" adlı eseri, kanaatimizce bu alanda yazılmış en ünlü ve en mükemmel kitaptır. El-Cezeri bu eserinin giriş kısmında şu ifadelere yer vermiştir.

"Esirgeyen ve bağışlayan Allah'ın adıyla,

Ebû'l al-'İz İsmâ'il bin al-Razzaz El-Cezeri, Yüce Tanrı onu korusun, şöyle dedi:

Hamd, eserini göklerde yaratan ve hikmetinin sırlarını, hükümdarlığının bir işareti olarak ve mutlak egemenliğinin mutlak gerçek bir kanıtı olan yeryüzünde saklayan Tanrı içindir. Bahşettiği bilgiler için O'na şükrederim; aklının bir göstergesi olan artan nimetlerden daha fazlasını isterim.

Tanrının rahmeti, insan türünün en şereflisi olan Efendimiz Muhammed'e, ailesine ve onu izleyenler üzerine olsun".

El-Cezeri'nin kitabının giriş bölümünde geçen bu ifadeleri okunduğunda; kitabına besmeleyle başlaması, Allah'a hamd etmesi, peygamber Efendimize salavat getirmesi dikkate değer ve bu da O'nun manevi yönünün ağır bastığına, Allah'a (C.C.) ve Peygamber Efendimiz'e (S.A.V.) olan derin saygı ve sevgisinin bulunduğuna, elde ettiği nimetlerden dolayı şükür eden bir kul olma vasfının olduğuna işaret eder. Ayrıca tam adını da kendi ağzından böylelikle öğrenmiş bulunmaktayız. Önsözün devamında;

"Önceki bilim adamlarının kitaplarını ve daha sonraki sanatkârların çalışmalarını incelemiştim: Bunlar, pnömatik, eşit saatler ve güneş saatleri, nesneleri doğal konumlarından başka konumlara götüren, su ile işleyen, olağanüstü araçlar yapan ustalardır. Yalnızlık içinde, kanıtların eşliğinde fikir yürüttüm. Bir süre bu sanatın düzeltilmesini düşündüm. Uygulamalar yaparak, kitaplardan öğrenme düzeyinden gözlem düzeyine ilerledim. Bazı eski ve yeni bilim adamlarının bu konuya ilişkin görüşlerini öğrendim. Bu incelikli bilimi coşkuyla izlemeye koyuldum ve gerçeğe ulaşmaya karar verdim. Düşüncem bu aziz bilimde kendimi farklılaştırmaktı. Olağanüstü kontrol olanakları sunan çok önemli araç türlerinin farkına vardım.

Dönemin hükümdarları ve filozofları benimle ilgilendiler. Bu durum inancımın fidelerini meyvelendirdi. Çalışarak geçirdiğim geceler uyuyan tutkumu körükledi ve küllenmiş dehamı uyandırdı. Çalışmaya daldım. Gücümü ve ihtirasımı kullandım. Önceki bilim adamlarının bazı araçlar yapmış ve bunları tasvir etmiş olduklarını keşfettim. Onlar (bu araçları) tam olarak tasvir etmedikleri gibi hepsi içinde doğru yöntemler uygulamamışlardı. Çünkü her parçanın yapılışının bilgisini uygulamalı olarak kanıtlamamışlar, böylece doğru ile yanlış arasında kararsız kalmışlardı. Onların parçalarını bir araya getirdim ve doğruyu yakaladıkları köklerden dalları açığa çıkardım; içi ve dışı aydınlık olağanüstü çalışan örnekler icat ettim. Gezimin uzaması gibi zorlukla karşılaştığımda, gayretimin savrulup gideceğinden, hazırlamış olduğum taslağın tıpkı gecenin, gündüzün gelmesiyle kaybolduğu gibi, kaybolup gideceğinden korkuyordum. Böylece seçeceğim, (önümde) parşömenini açacak ve benim öğretmeyi isteyeceğim bir kimseye bunu kaydettirmemin (gerekliliğini) kendi kendime sordum. Sonra vermiş olduğum karardan döndüm ve isteğimden vazgeçtim".

Önsözün bu kısmından; El-Cezeri'nin kendinden önceki bilim insanlarının yapmış olduğu bilimsel çalışmaları inceleyerek onlardan faydalandığı, onların hatalarını tespit ettiği, kendisine önceki bilim insanlarından farklı olma hedefini koyduğu, yapabileceği yeni icatları hayal dünyasında canlandırabildiği, çalışmalarıyla dikkatleri üstüne çektiği, çevresinin O'na olan ilgisinin farkında olduğu, bu durumun O'nun azmini daha da arttırdığı, gece gündüz demeden durmadan çalışıp olağanüstü bir gayret gösterdiği ve bu gayretinin sonunda da çok sayıda icatlar gerçekleştirdiği, eğer çalışmalarını kayıt altına almazsa yok olup gideceğinden korktuğu ve bunları gelecek nesillere aktaramama kaygısı taşıdığı anlaşılmaktadır. El-Cezeri, Önsözün devamında şu ifadelere yer vermiştir:

"Ben Diyarbekir Sultanı el-Salih Nasirüddin ebu'l Feth Mahmud bin Muhammed bin Karaaslan bin Davud ibn Sukman bin Artuk'u, Tanrı onu, istedikleriyle birlikte korusun, hizmetindeyim. Bu, hükümdarlık ona geçmeden önce babasının ve kardeşinin, (Tanrı ruhlarını korusun) dönemindeki hizmetimin bir devamıdır. Bu süre başlangıcı 577 H. olmak üzere toplam 25 yıldır. Yüce Tanrı onu zekâ dürüstlük yönünden eşsiz yaratmış. Bu nedenle o, döneminin hükümdarlarını, adalet ve dürüstlükte aştı ve hayırda ve lütufta uzaktaki ve yakındaki efendilere üstün geldi. Keskin zekâsıyla kontrol altına alamadığı yönetim inceliklerinden bir incelik, üstün gayretiyle anlamadığı öğrenim sırlarından bir sır yoktur. İlgisinin inceliği nedeniyle, onun ön görüşünü almaksızın hiçbir aracımı kesinlikle inşa etmeye başlamadım. O, düşüncesinin inceliği ve aklı ile bütünleşmiştir.

Bir gün onun huzurundaydım ve yapmamı emrettiği bir şeyi (aracı) getirmiştim. Bana baktı, yapmış olduğum şeye baktı, onun üzerinde fikir yürüttü. Ne düşünmekte olduğumu sezdi ve gizlediğimi açığa çıkardı. 'Paha biçilmez araçlar yaptın, onları gücünle işler duruma getirdin; seni yoran ve anlaşılır bir biçimde inşa etmiş olduğun bu araçları bir kenara atma. Benim için, ayrı ayrı icat ettiklerini bir araya toplayan ve tek tek seçilenleri ve resimleri bir araya getiren bir kitap kaleme almanı istiyorum' dedi.

Bana önerdiği modeli uyguladım, çünkü boyun eğmekten başka seçeneğim olmadığımdan kararını kabul ettim. Gücümü okumaya karar verdim ve içinde eklemiş olduğum bazı alıntılar ve tarafımdan çizilmiş resimleri içeren bu kitabı kaleme aldım. Benden önce, bu konuda uzman olan güvenebileceğim ehil kişiler olduğunu bilmiyorum.

Hikmet sahibi kimseler herkesin doğuştan getirdiği yeteneği ölçüsünde başarıya ulaşabileceğini bilirler. Tanrı tarafından kendisine bahşedilmiş olanı harcayabilir ve Tanrı hiçbir ruhun bu yeteneği başkalarının yararına sunmasına izin vermez. Hiçbir ruhun yeteneğinin ötesine geçmesi istenilemez.

Bunları altı kategoriye bölünmüş, elli türü içine alan bir kitapta topladım. Tasvirde ve ayrıntılarda olağanüstü bir düzeye ulaştım. Yazdıklarımda daha öncekilerden gelen yabancı terimleri kullandım, çünkü onlara bağlılık, dönemimize kadar sürmüştür; diğer terimler, zamanla zorunlu olarak türetilmiştir.

Her dönemde yaşayanlar, kendi dillerini, her grup bilim adamı aralarında anlaştıkları ve alışkın oldukları teknik terimleri kullanmışlardır. Her tür (aracın) şeklini çizdim ve yol göstermek için harflerle işaretledim; aynı zamanda bu harflerin alternatiflerini de koydum" (Tekeli ve ark. 2002).

Ayrıca, kitabındaki önsözün bu kısmından; Diyarbakır'da yaşayan Artuklu'ların hizmetinde 25 yıl çalıştığı, hizmetinde çalıştığı hükümdarlarını çok sevdiği, onları beğendiği ve onlardan memnun kaldığı, Hükümdarının O'nda ki cevherin farkına vardığı ve O'nu çalışmalarını bir kitap haline getirmesi konusunda cesaretlendirerek destek olduğu ve böylelikle içinde uhde olarak kalan isteğini hükümdarının tavsiyesiyle gerçekleştirdiği, kafasında canlandırdığı bu çalışmalarını tamamlayarak onları bir kitapta topladığı, kendisinde olan ve doğuştan gelen bu yeteneğinin farkında olduğu ve kitabında icatlarını ayrıntılarıyla tasvir ettiği anlaşılmaktadır.

4.1. El-Cezeri'nin "Olağanüstü Mekanik Araçların Bilgisi Hakkında Kitap" Adlı Eserinin Bölümleri

Unat (2002), El-Cezeri'nin bu kitabı ile ilgili olarak şunları ifade etmektedir: "*El-Cezeri'nin "El-Câmi' Beyne'l-'İlm Ve'l-Amel En-Nâfi' Fi Es-Sınaâ'ti'ül-Hiyel" adlı yapıtı incelediğinde, Yunan Dünyası'ndan beri bilinen prensipleri kullanmak ve geliştirmek suretiyle, çeşitli araçlar yaptığı görülür. Bu prensipler, hava, boşluk ve denge prensipleridir.*

El-Cezeri, kitabında hava, boşluk ve denge prensiplerini kullanarak 50 aracın ayrıntılı tasarımını verir. Bu araçların 6'sı su saati, 4'ü mumlu saat, 6'sı ibrik, 7'si eğlence amaçlı kullanılan çeşitli otomatlar, 3'ü abdest almak için kullanılan otomat, 4'ü kan alma teknesi, 6'sı fıskiye, 4'ü kendinden ses çıkaran araç, 5'i suyu yukarı çıkartan araç, 2'si kilit, 1'i açıölçer, 1'i kayık su saati ve biri de Amid kentinin kapısıdır".

El-Cezeri'nin bahse konu bu eseri, altı kategoriden oluşmuştur. Tekeli ve ark. (2002)'nin aktardığına göre bunlar;

Kategori I *– Eşit saatlerin ve Güneş saatlerinin geçişlerinin belirtildiği saatlerin yapımı üzerinedir. On bölümden oluşur.*

Bölüm 1: *Güneş saatlerinin geçişini bildiren su saati.*

Bölüm 2: *Güneş saatlerinin geçişini bildiren davulcu su saati.*

Bölüm 3: *Kayık su saati.*

Bölüm 4: *Eşit saatlerin geçişini bildiren fil su saati.*

Bölüm 5: *Eşit saatlerin geçişi ve onların bölümlerinin öğrenilebildiği bardak su saati.*

Bölüm 6: *Eşit saatlerin geçişinin öğrenilebildiği tavuskuşlu su saati.*

Bölüm 7: *Eşit saatlerin geçişinin öğrenilebildiği kılıçlı adamın mumlu saati.*

Bölüm 8: *Eşit saatlerin geçişinin bilinmesi ve bir mum aracılığı ile saatlerin bölümü.*

Bölüm 9: *Eşit saatlerin geçişinin öğrenilebildiği mum saati.*

Bölüm 10: *Eşit saatlerin geçişinin öğrenilebildiği kapılı mum saati.*

Kategori II *– İçki partileri için uygun kap ve figürlerin yapımı üzerinedir. On bölümden oluşur.*

Bölüm 1: *İçkili partilerde kime içki verileceğine karar veren bir kadeh.*

Bölüm 2: *Partilerde kime içki verileceğine karar veren bir kadeh.*

Bölüm 3: *Bir partide kimin içki içeceğine karar veren bir araç.*

Bölüm 4: *Bir içki partisi boyunca bir havuz üzerinde yüzen kayık biçimindeki kap.*

Bölüm 5: *İçine su ve farklı renkte şarap boşaltılan, içkili partilerde kullanılan ibrik.*

Bölüm 6: *Kralın artığını, yani kadehin dibinde kalan şarabı içen bir soytarı.*

Bölüm 7: *Bir balık ve krala şarap sunacağı bir kadehi tutmuş, ayakta duran bir saki.*

Bölüm 8: *Bir kadeh ve şişe tutan bir adam.*

Bölüm 9: *Birbirlerinin kadehine şarap doldurup içen iki şeyh.*

Bölüm 10: *Fasılalarla dolaptan çıkan ve şarap dolu bir kadehi sunan bir cariye.*

***Kategori III** – İbriklerin, kan alma teknelerinin ve abdest alma leğenlerinin yapımı üzerinedir. On bölümden oluşur.*

***Bölüm 1:** Sıcak, soğuk ve ılık su akıtan bir ibrik.*

***Bölüm 2:** Uşağın hükümdarın önündeki güzel bir kaide üstüne yerleştirilmiş leğenin yanına koyduğu bir ibrik.*

***Bölüm 3:** Abdest almak için efendinin eline su döken bir çocuk.*

***Bölüm 4:** Abdest almak için gagasından su akıtan tavuskuşu.*

***Bölüm 5:** İçine aktığı kanın miktarının öğrenilebildiği keşişli tekne.*

***Bölüm 6:** İçindeki kan miktarının belirlenebildiği iki kâtipli kan alma teknesi.*

***Bölüm 7:** Toplanan kan miktarının belirlenebildiği hesapçı teknesi.*

***Bölüm 8:** Toplanan kan miktarının belirlenebildiği hisarlı tekne.*

***Bölüm 9:** El yıkamak için kullanılan tavus kuşlu leğen.*

***Bölüm 10:** Çocuklu leğen.*

***Kategori IV** - Şekillerini değiştiren fıskiyeler ve sürekli çalan flüt için araç yapımı üzerinedir. On bölümden oluşur.*

***Bölüm 1:** İki kefeli fıskiye.*

***Bölüm 2:** İki kefesi ve dört adet çıkış delikli borusu olan iki fıskiye.*

***Bölüm 3:** İki şamandıralı değişken fıskiye.*

***Bölüm 4:** İki şamandıralı fıskiye.*

***Bölüm 5:** Belirli aralıklarla şekil değiştiren tarcaharlı fıskiye.*

***Bölüm 6:** Belli aralıklarla değişen iki kefeli fıskiye.*

Bölüm 7: *İki küreli, sürekli çalan bir flüt, biri durduğunda diğeri borusunu üfleyen iki borazancı için araç.*

Bölüm 8: *İki kefeli sürekli flüt için bir araç.*

Bölüm 9: *Sürekli çalan bir flüt için terazili araç.*

Bölüm 10: *Sürekli çalan bir flüt için iki şamandıralı araç.*

Kategori V *– Derin olmayan göllerden ve ırmaklardan suyu yukarı çıkaran araçların yapımı üzerinedir. Beş bölümden oluşur.*

Bölüm 1: *Kolu döndüren bir hayvan yardımıyla bir gölden suyu yukarı çıkaran araç.*

Bölüm 2: *Bir gölden veya bir kuyudan suyu yukarı çıkaran araç.*

Bölüm 3: *Merkezinde delik sütun bulunan bir kuyu.*

Bölüm 4: *Bir gölden suyu yukarı çıkaran bir araç.*

Bölüm 5: *Bir tekerlek aracılığı ile akan bir sudan suyu 20 zira' yukarı kaldıran bir araç.*

Kategori VI *– Değişik, farklı şeylerin yapımı üzerinedir. Beş bölümden oluşur.*

Bölüm 1: *Amid kentinde kral sarayı için dökme pirinçten yapılmış bir kapı.*

Bölüm 2: *Küre üzerinde bulunan, konumları bilinmeyen üç noktanın merkez noktası bu araç yardımı ile dakik olarak saptanabilir; düzlem üzerinde bulunup, ancak bir doğru üzerinde bulunmama koşuluyla; kullanılan dar, geniş ve diğer açılar da onunla ölçülebilir* (deprem etki merkezi epicentre de bu şekilde bulunuyor).

Bölüm 3: *Alfabedeki harflerin onikisinin yardımıyla bir sandığı kilitlemek için düzenlenmiş bir kilit.*

Bölüm 4: *Dört sürgüden oluşan kilit.*

Bölüm 5: *Eşit bir saatlik süreyi uyaran güzel bir kayık.*

4.2. El-Cezeri'nin "Olağanüstü Mekanik Araçların Bilgisi Hakkında Kitap " Adlı Eserinin Bilinen Yazmaları

Tekeli ve ark. (2002)'nin aktardığına göre, El-Cezeri'nin bahse konu eserinin bilinen 15 adet yazması bulunmaktadır. Bunlar;

1. Bodleian, Oxford, Ms. 27.

2. Bodleian, Oxford, Ms. Fraizer 186.

3. Leiden Üniversitesi Kütüphanesi, No. Or. 656.

4. Leiden Üniversitesi Kütüphanesi, No. Or. 117.

5. Chester Beatty Kütüphanesi, Dublin, Ms. 4187.

6. Önceleri İstanbul'da bulunan, şimdi dağıtılmış bir nüsha (H. 715 tarihli)

7. Bibliothèque Nationale, Paris, Arabe 2477.

8. Bibliothèque Nationale, Paris, Arabe 5101.

9. Bibliothèque Nationale, Paris, Suppl. Pers 1145 ve 1145a.

10. Leningrad Kütüphanesi, 2539.

11. Topkapı Sarayı, Ayasofya, 3606.

12. Topkapı Sarayı, Ahmet III. 3472.

13. Topkapı Sarayı, Hazine 414.

14. Topkapı Sarayı, Ahmet III, 3461.

15. Topkapı Sarayı, Ahmet III, 3350.

4.3. Hava ve Boşluk Üzerine Yapılan Çalışmalar

Bu bölümde; Tekeli ve ark.'nın (2002) çalışmasından faydalanılarak, alıntılar aynen alınmıştır.

"Hava ve atmosferin özellikleri çok eskiden beri insanların ilgisini çekmişti. Geçmiş dönemdeki bilim adamları yaptıkları araştırmalar sonucunda ulaştıkları teorik bilgileri uygulayarak olağanüstü araçlar üretmeyi başarmışlardı".

4.3.1. Yunanlılar Zamanında Hava ve Boşluk Üzerine Yapılan Çalışmalar

Yunanlılar zamanındaki bu çalışmaları yapanların başında, Ctesibios, Philon ve Heron gibi bilim insanları gelir.

Ctesibios (M.Ö. III. yy.)

"Ctesibios, M.Ö. 3. yüzyılda İskenderiye'de doğmuş Yunanlı fizikçi ve mucittir. Pnömatik üzerine kitap kaleme alan ilk bilim adamı Ctesibios'dur. Eseri kayıp olduğu için hava ve boşluğa ilişkin ne ölçüde teorik bilgiye sahip olduğunu bilmiyoruz".

Bizans'lı Philon (M.Ö. II. yy.)

"Bu konu üzerinde çalışan bir diğer önemli bilim adamı Philon'dur. Teknik üzerine dokuz kitaptan oluşan bir eser kaleme almıştır. Bu eserin bazı kitaplarının Yunancası, ancak Pnömatiği ilgilendiren beşinci kitabın ise yalnızca Arapça çevirisi elimizdedir. Philon'un eserinin pnömatik ve pnömatik makineleri ilgilendiren kısmı, Wilhelm Schmidt tarafından Arapçadan Latinceye ve Almancaya çevrilmiştir (W. Schmidt, "Liber Philonis de Ingeniis Spiritualibus", Heronis Alexandrini Opera, Vol. I, p. 458-489, Leipzig, 1899). Eserin Fransızca tercümesi Albert de Rochas

tarafından yapılmıştır. Eserin Carra de Vaux tarafından yapılmış diğer bir Fransızca tercümesi daha vardır".

Philon, sifonların çalışma prensibine dayanan ve insanlara hayrete düşüren "iki çeşit sıvıyı ayrı ayrı veya birlikte dökebilen ibrik" gibi çeşitli araçlar yapmayı başarmıştır.

İskenderiye'li Heron (M.S. I. yy)

"Hava ve boşluk üzerinde çalışan bir diğer önemli bilim adamı da Heron'dur. Hayatına ilişkin bilgiye sahip değiliz. Ancak yaptığı bir Güneş tutulması gözleminden yaşadığı tarihi saptamak mümkün olmuştur".

Sihirli ibrikler, su içen hayvanlar ve öten kuşlar gibi bu prensipler üzerine dayanan pek çok araç geliştirmiştir.

4.3.2. İslam Dünyasında Hava ve Boşluk Üzerine Yapılan Çalışmalar

"İslam dünyasında bu konu üzerinde çalışanların başında, hava ve boşluk üzerinde bir eser vermemekle beraber, yaptığı araçlarla bu alanda kapsamlı bir bilgiye sahip olduğunu gösteren Benû Musa Kardeşler ve ayrıntılı teorik bilgi veren El-Fârâbî ve El-Cezeri söz konusu edilebilir".

Benû Musa Kardeşler:

"IX. yüzyılda Bağdat'ta yaşamış üç kardeş, üç bilim adamı, Abbasi halifelerinden Me'mûn (813-833) döneminin en tanınmış matematikçi, astronom ve fizikçilerindendirler.

Bu üç kardeşten biri olan Ahmed, "Kitâb el-Hıyal" (Mekanik bilimlere dair önemli bir eser olan Kitâb el-Hiyel'in Vatikan (317), Berlin (Gotha, Ahlward 5562, Pertsch 1349) ve Topkapı sarayında (A. 3473) olmak üzere üç nüshası vardır. Eserin Almancaya kısmi bir çevirisi, ayrıca

Donald Hill tarafından ise İngilizceye çevirisi yapılmıştır. (D. Hill, The Book of Ingenious Devices (Kitâb al-Hıyâl) by the Banû (sons of) Mûsâ bin Shâkir, London,1979). Ayrıca eser, 1990 yılında Atilla Bir tarafından tekrar İngilizceye çevrilmiştir (A. Bir, The Book of "Kitâb al-Hiyal" of Banû Mûsâ bin Shâkir, İstanbul,1990).) adlı eseriyle Yunan Çağında Ctesibios, Philon ve Heron'un başlattıkları çalışmaları sürdürmüş; başka deyişle hava, boşluk ve denge prensiplerini temele alan yüz aracın tasvirini vermiştir. Bu araçların yapımında sifonlar (düz, çift, kıvrık), şamandıra yardımıyla valfın kontrolü, hava kontrol mekanizması kullanılmıştır.

Bu araçların 73'nü sihirli ibrikler, 15'ini suyun seviyesinin sabit tutulmasını temele alan araçlar, 7'sini fıskiyeler, 3'ünü lambalar, 1'ini kaldıraç ve 1'ini körük oluşturur.

Bunlar Philon ve Heron'dan esinlenerek kaleme alınmış olmakla beraber, çok daha kapsamlı hale getirilmiş, gözardı edilemeyecek düzenlemeler eklenmiştir".

El-Fârâbî:

"El-Fârâbî (Ebû Naşr Muhammed b. Muhammed b. Tarhan b. Uzlug, 870-950), Fârablı olup, Bağdat'ta öğrenim görmüş, Arapçayı orada öğrenmiş, en önemli İslam filozoflarından biridir.

Hava ve boşluk üzerinde çalışmış ve "Risâle lî Ebî Naşr el-Fârâbî fi'l-Halâ'" adlı bir makale kaleme almıştır".

El-Cezeri:

"Gerek Yunan çağında gerekse İslâm Dünyası'nda teorik ve pratik alandaki bu çalışmalar El-Cezeri ile birlikte doruk noktasına ulaşmıştır. El-Cezeri, hava ve boşluğa ilişkin teorik bilgi vermez, ancak araç yapımındaki ustalığı konuyu ne kadar ayrıntılı bildiğini göstermektedir.

4.4. Denge Üzerine Yapılan Çalışmalar

"Mekanik araçların inşasında hava ve boşluk kadar, denge de temel prensiplerden birini oluşturur".

Denge konusunda, Yunanlılar dönemindeki çalışmalarda; Archimedes ve Heron'un yaptığı çalışmalardan, İslam Dünyası'ndaki çalışmalarda ise; Benû Musâ, Ebû Hakîm el-Muzaffer ibn Ismâ'îl el-Esfizârî, Ebû'l Feth 'Abdurrahmân el-Manşûr el-Hâzînî ve El-Cezeri'nin yaptığı çalışmalardan bahsedilebilir.

El-Cezeri'nin Denge Üzerine Yaptığı Çalışmalar

El-Cezeri, denge prensibini kullanmak suretiyle olağanüstü çeşitli araçlar yapmış, denge prensibini su ve mum kullanmak suretiyle uygulamış, su ile ilgili olarak araçlarında kullandığı çok hassas kefeler yapmıştır.

"Şekil 20.'de görüldüğü gibi kefe, ortası geniş, kenarlarına doğru darlaşan, bir yarım kayık kap şeklinde yapılmıştır. Kayık kenarının arka kısmına yakın açılmış iki delikten bir mil geçer. Kefe bu milin üzerinde hareket eder. Su ile doldurulduğunda dengede kalacak biçimde arka tarafından ağırlaştırılır. Eğer kaba kapasitesinden bir damla daha fazla su ilave edilirse ucu öne doğru eğilir ve boşaldıktan sonra denge konumuna gelir (bir adet emniyet pimide var, tahminimce bu pimin amacı kefenin tamamı ile devrilmesini engellemektir). *Buradan anlaşıldığı gibi bu kefe denge prensibine dayanarak hazırlanmış çok hassas bir kefedir. El-Cezeri bu kefeyi ilk defa kendisinin yaptığını söylemektedir (Hill, 1974). El-Cezeri bu hassas kefeleri değişik biçimlerde hem hareket hem de kontrol mekanizması olarak kullanmıştır.*

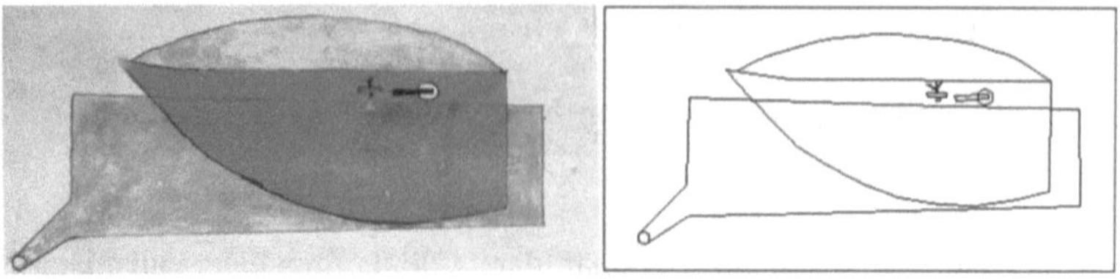

Şekil 20. Kefe (Türkçe Çeviri, 2002)

Joseph Needham, Wang Ling ve Derek J. Price tarafından kaleme alınan Heavenly Clockwork adlı yapıtta, bu mekanizmanın benzerine Çinli Chang Heng'in halkalı aracında rastlandığı söylenmekte ise de verilen tasvirler açık ve seçik değildir. Chang Heng (M.S. 78-142) matematikçi, astronom, coğrafyacıdır; Han döneminde yaşamış çok yetenekli bir bilim ve teknik adamıdır. 132 yılında başkentte bir sismograf yaptığı söylenmektedir (Şekil 21). *Yapıtları kaybolmuş olmakla beraber yapılan aktarmalardan neler yapmış olduğunu öğrenebiliyoruz (Needham ve ark. 1960).*

Şekil 21. Chang Heng'in Sismografının Modeli (http://www.incois.gov.in/Tutor/science+society/lectures/illustrations/lecture15/changh.html)

El-Cezeri'nin denge prensibine dayalı olarak inşa ettiği araçlar arasında fıskiyeler de vardır" (Tekeli ve ark., 2002).

4.5. Otomatlar

Denge, hava ve boşluk prensiplerine dayanılarak oluşturulan bir diğer çalışmalar ise otomatlar ve saatlerdir.

"Otomat Yunanca bir sözcük olup, kendi kendine hareket eden anlamına gelen automatos'dan gelir. Otomat, kendiliğinden harekete başlayıp düzenli bir biçimde bir işi gördükten sonra kendiliğinden duran ve sonra tekrar harekete geçebilen araçtır. Bu sözcük daha çok insan veya hayvan hareketlerini taklit eden makineler için kullanılmıştır. İnsan seklinde olanlarına ise robot denir. Robot sözcüğü ilk defa Çekoslavak yazar Karel Čapek'in, her türlü zihinsel ve fiziksel işlevleri yerine getiren, robot adını verdiği mekanik isçilere bağımlı olan bir toplumun anlatıldığı R.U.R. (Rossum's Universal Robots,1920) adlı sahne eserinde kullanılmıştır.

Otomat tarihi çok eskilere uzanır, hattâ insanla başlar denilebilir. Çünkü bu çalışmalar insanda, gezegen, Ay, Güneş ve yeryüzündeki canlıların hareketini yapımsal olarak taklit etme tutkusuna dayanır. Başka bir deyişle bu, insandaki yaratıcı olma tutkusunun bir görüntüsüdür.

Ayrıca, insan çok eski dönemlerden başlayarak doğanın canlı olduğuna inanıyor, sihir, büyü veya doğaüstü güçler yardımıyla onu harekete geçirebileceğini sanıyordu.

Bu isteğin en eski işaretleri, mağaralardaki boyanmış taşlar, tuhaf figürler ve idollerdir. Mısır mezarlarında bulunan, kolları hareket eden bebekler bu alandaki ilk örnekler olarak kabul edilebilir (Price 1964).

Daha karmaşık olanlarına da yine eski Mısır'da rastlanmaktadır. Bunlardan biri halen Louvre Müzesinde bulunan boyanmış "ölüm tanrısının çakal başı"dır" (Tekeli ve ark. 2002).

A-) Yunanlılar Zamanında Yapılan Otomasyon Çalışmaları

"Yunanlılar için yalnızca kolların hareket etmesi fazla bir anlam taşımıyordu. Nitekim M.Ö. IV. yüzyıl başlarında yaşamış olan Yunan mitolojik mimar ve heykeltraşı Daedalus'un uçan bir kuş ve bir labirenti koruyan, onun gerisinde aşağı yukarı gidip gelen bir heykel yaptığı ve yine Tarentumlu Archytas'ın (M.Ö. 4. yüzyıl) tahtadan bir kuş yaptığı, mekanik prensiplere uygun olarak inşa edilen bu kuşun uçtuğu söylenmektedir. Görüldüğü gibi Yunanlılarda Mısırlıların yaptıklarından daha karmaşık otomatlar yapma düşüncesi egemen olmaya başlamıştı. Yunanlılarda ve onu izleyen dönemlerde otomat üzerindeki çalışmalar iki koldan geliştirildi":

1. İnsanları Hayrete Düşüren ve Eğlendiren Araçlar

"Hava, boşluk, su, ateş ve dengeye ilişkin çeşitli fizik prensiplerine dayanılarak inşa edilen bu tip araçlara Eski Yunanlılarda rastlanmaktadır. En önemli adım Ctesibius (M.Ö. 3. yüzyıl), *Philon* (M.Ö. 2. yüzyıl) *ve Heron'un* (M.Ö. 1. yüzyıl) *su saatleri üzerindeki çalışmalarıyla atıldı.*

Bu konuda inşa edilen araçların en ilginci Heron'un gerçekleştirdiği, sunak taşında ateş yakınca tapınağın kapısını açan ve ateş sönünce de kapayan mekanizmadır. Sunak taşında (A) ateş yakıldığında, içindeki hava ısınarak genişler, kovanın (B) içindeki suya basınç yapar (Şekil 22). Bu basınç nedeniyle, sifon (C) aracılığı ile suyun bir kısmı (D) kovasına geçer. İlk konumda, yani kapı kanatlarının kapalı olduğu konumda (L) ağırlığı ile dengede olan kova, suyun bir kısmının içine akmasıyla ağırlaşır, sütunlar üzerine sarılmış ipi çeker, kapı kanatlarına bağlı olan sütunları döndürür ve kapı açılır. Ateş söndüğünde ise hava basıncı azalır, daha önce kovaya geçen su geriye döner, kova hafifler, (L) ağırlığı ile dengeye gelir, bu kez sütunlar aksi yöne dönerek kapı kanatlarını kapatır (Brunet ve ark. 1935). Görüldüğü gibi, burada dönemin hava, boşluk, su ve dengeye ilişkin bütün teorik bilgileri kullanılmıştır".

Şekil 22. İnsanları Hayrete Düşüren ve Eğlendiren Araçlar

(Türkçe Çeviri, 2002)

Konuyla ilgili olarak Unat (2002) de geçmişte yapılan şu çalışmalardan bahsetmektedir; "*Yaklaşık 18-19. yüzyıla kadar eğlence amaçlı otomasyon çalışmaları hükümdarlarca desteklenmiştir. Belki de bu destek olmasaydı bu derece hayret uyandıran araçların yapımı gerçekleşmezdi. Bu El-Cezeri için de geçerlidir. Onun yaptığı aletleri gören zamanın Diyarbekir Sultanı Sukmân bin Artuk, onu desteklemiş ve bu aletlerin betimlemelerini içeren bir kitap kaleme almasını emretmiştir.*

Rönesans'ın teknik üstadı Leonardo da Vinci'nin (1452-1519) de bu türde araçlar yaptığını biliyoruz. Leonardo bir ressam, bir bilim adamı ve bir mühendistir; teknoloji ile ilgili olarak bazı projeler geliştirmiştir. Kuşların kanat ve kas yapısından hareketle, insanların da belli bir düzenek sayesinde uçabileceği anlayışını geliştirmiş ve bu yolda bazı araştırmalar yapmıştır. Aynı şekilde balıklar gibi, insanların da denizin altında yaşayabileceğini varsayan Leonardo'nun ilk denizaltı projelerini geliştirdiği bilinmektedir.

Leonardo, eğlence amaçlı otomatlar da yapmıştır. Bunlardan biri I. François için yaptığı ve canlı gibi dolanan bir aslandır. Kral bundan usanınca tekneden bir keşiş otomatı yapmıştır. Bu otomat aslanla karşılaşınca değnekle aslana vuruyordu.

1738'de Fransız bir teknolog olan Vaucanson, Paris'te bir suni ördek yapmış ve teşhir etmişti. Bu ördek yem yiyor ve yediği yemi sindirilmiş olarak çıkarıyordu. 1820'lerde ise yürüyen, ayakta duran ve konuşan bir otomattan söz edilir. Bu tür makine otomatların yapımı mekanik saatlerin yapımıyla birlikte gelişmiştir".

2. Su Saatleri İle Birlikte Gelişen Otomasyon Çalışmaları

Saatler

"Zamanı ölçen en eski araçlar Güneş, kum ve su saatleridir. Mısırlılar gündüzleri saatleri ölçmek için Güneş'in gölge uzunluğundan yararlanıyorlardı. Bu prensibe dayanarak basit Güneş saatleri yapmışlardı. Bunlar, genellikle bir kenarı dirsekli cetvel biçimindeydi. Cetvelin bölümleri üzerine düşen gölge, günden geçen saatleri belirliyordu (Sayılı, 1982). Güneş saatleri masrafsız ve güvenilir olmalarına karşılık, Güneş'in bulunmasını gerekli kılıyor, bulutlu havalarda ve özellikle geceleri kullanımı mümkün olmuyordu. Bu nedenle su saatleri ortaya çıktı ve bunlara da "Horologium Hibernum" veya "Gece Saati" adı veriliyordu".

2.a. Antik Yunan'daki Saat Çalışmaları

Antik Yunan'daki saat çalışmalarından bahsedilirken, bu işin mucitliğini yapan Ctesibios ve Vitrivius'un yapmış olduğu çalışmalarından bahsedilebilir.

"Saatte eşit sürelerin saptanması sorununa ilk ve gerçekten çözüm getiren bilim adamı Ktesibios olmuştur. Ktesibios, deliği camdan veya altından yapmak suretiyle daralıp genişlemesini engellemiş su seviyesini sabit tutmayı ise, kaba başka bir musluktan sürekli su akıtmakla sağlamıştır (Drachmann 1948). Böylece, oldukça güvenilir ilk su saati elde edilmiş oldu" (Tekeli ve ark., 2002).

"*Ktesibios kendinden öncede bilinen su saatini geliştirmiştir. Ktesibios'un su saati içine belli bir ritimle su dolan bir depodan oluşuyordu. Depoya su doldukça, içindeki duba yükseliyordu. Dubanın ucundaki iğne ise, bir silindirin üzerine bu yükselmeyi işaretliyordu*" (https://tr.wikipedia.org/wiki/Ktesibios, Şekil 23).

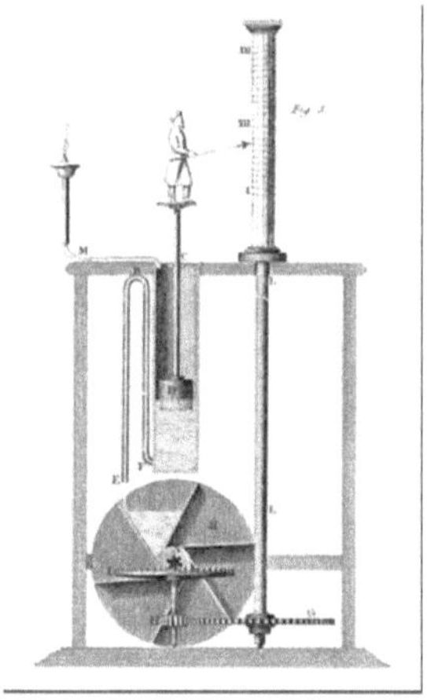

Şekil 23. Ktesibios'un Su Saati (Foto: https://tr.wikipedia.org/wiki/Ktesibios)

1. Parastatik Saatler

"Bu saatlerde gündüz ve gece 12'ye bölündüğünden ve bunun sonucu olarak saatlerin süreleri mevsimlere göre değiştiğinden, saatin yapımında iki türlü düzenleme gerçekleştirilmiştir; ya skala ya da su akışı sabit tutulmuştur" (Şekil 24).

Şekil 24. Parastatik Saat (Türkçe Çeviri, 2002)

2. Anoforik Saatler

"Su saatlerinin yapımında atılan diğer önemli bir adım anoforik saatlerdir. Vitruvius'un tasvir ettiği bu saatin mucidi olarak Ctesibios gösterilmektedir. Şekil 25'de görüldüğü gibi su alttaki kaba toplanır; bronz bir zincire bağlı olan şamandırayı kaldırır ve zincir bir eksen üzerinden geçirilir. Zincirin diğer ucuna bir ağırlık asılır, 24 saatte tam bir dolanım yapmak üzere düzenlenmiş eksenin ucuna bir disk tespit edilir. Burada şamandıranın aşağı yukarı olan doğrusal hareketi bir zincir aracılığıyla dairesel bir harekete dönüştürülmüş olur".

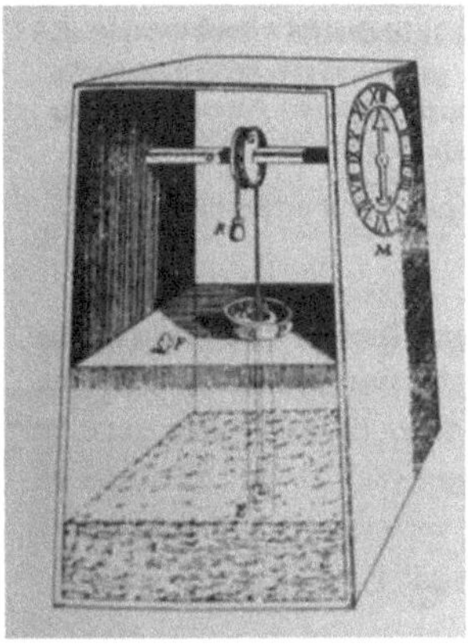

Şekil 25. Anoforik Saat (Türkçe Çeviri, 2002)

3. Zodiak Saatleri

"Bunların en önemli özelliği gece ve gündüzün 12 eşit saate bölünmüş olmasıdır. Gece ve gündüz sürelerinin sürekli olarak farklılaşması nedeniyle bu tip saatlerde gece ve gündüz saatlerinin süreleri birbirine eşit değildir. Ayrıca bu eşitsizlik her gün için de değişmektedir. Bu karmaşık durumda her gün gündüzün ve gecenin onikide birini bildirmek için yılın her döneminde gece ve gündüz suyun akışının kontrol edilmesi gerekir" (Şekil 26).

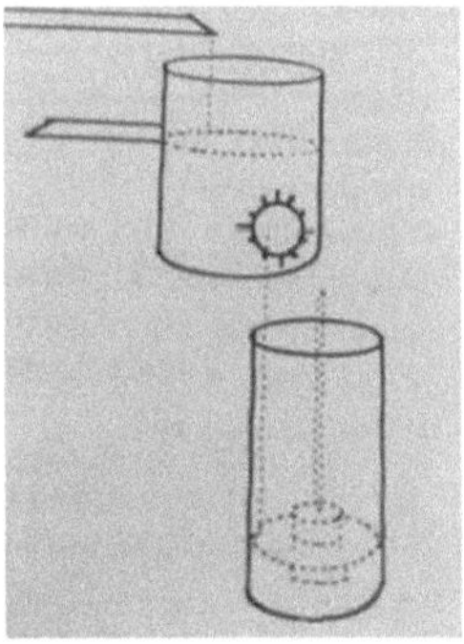

Şekil 26. Zodiak Saat (Türkçe Çeviri, 2002)

2.b. Bizans Dönemindeki Saat Çalışmaları

"Batılıların "Puppet Theatere" (Kukla Tiyatrosu) dedikleri bu çalışmalara ilişkin ilk büyük aşama Gazza'daki saatte gerçekleştirilmiştir. 510 yılında inşa edilen bu aracın kadranı yoktur. Saatler topların düşmesi, ışıklandırma ve çeşitli figürlerin hareketleriyle belirtiliyordu. Prokopios, Ekphrasis Horologiou adlı eserinde bu saatin tasvirini vermiştir" (Needham ve ark. 1960).

2.c. Çin'deki Saat Çalışmaları

"Genelde Çin'deki bu tip saatlerde hareket, tekerleğin çevresine tesbit edilmiş kepçeler üzerine suyun yüksekten düşürülmesiyle sağlanır.

Bilinen en eski su saati M.Ö. 200 yıllarına kadar gider. Ancak bu saatin yapılışı ve işleyişine ilişkin hiç bir açıklama yoktur (Needham ve ark. 1960).

Daha sonra Su Sung tarafından 1094 yılında Honan kentinde İmparator Che Tse için inşa edilen bir su saati özellikle otomat tarihi açısından çok dikkat çekicidir. Saat iki bölmeli kule biçiminde olup, alt kısmı üst kısmından daha geniştir. Halkalı araç üst odanın tavanına yerleştirilmiş ve üstü bir çatı ile kapatılmıştır"(Şekil 27).

Şekil 27. Su Song'un Su Saati (Foto: https://en.wikipedia.org/wiki/Su_Song)

2.d. İslâm Dünyasındaki Saat Çalışmaları

"Bu konuya ilişkin ilk örnek, Archimedes'e (M.Ö.287-212) atfedilen Arapça bir yazmada tasviri verilen bir saattir.

Her ne kadar bazı Latin kaynaklarında Archimedes'in Ay, Güneş ve gezegenlerin hareketlerini gösteren bir planeteryum inşa etmiş olduğu söz konusu edilirse de, saat inşa ettiğine ilişkin bir bilgiye rastlanmaz.

Ancak Carra de Vaux ilk defa olarak Archimedes'in bir su saatinin Arapça çevirisini bulmuş ve Arapça çevirisiyle birlikte Fransızca çevirisini yayınlamıştır (Carra de Voux, 1891).

Ancak bilim tarihçileri bu eserin Archimedes'e ait olmadığı üzerinde uyuşmuşlardır, Gazza'da inşa edilen saate benzemekte olup bir Müslüman icadıdır, denilmektedir. Eğer bu saat Gazza'daki saat ile karşılaştırılırsa

Archimedes'e atfedilen bu saatin Gazza saatinin bir versiyonu olduğu görülür".

El-Hârezmî'nin mekanik üzerine konuları da içeren "Mefatih ül-Ulûm (Bilimlerin Anahtarı)" adlı kitabı ile Rıdvân'ın Bab-ı Ceyrun'daki saatin tasvirini verdiği eser de konu ile ilgili İslâm Dünyasındaki diğer çalışmalardır.

El-Cezeri'nin saatlerle ilgili çalışmalarına ise kitabın ilerleyen bölümlerinde yer verilmiştir.

B-) Romalılar Zamanında Yapılan Otomasyon Çalışmaları

"Roma döneminde de en önemli otomasyon, Sezar'ın ölümü sırasında düzenlenmiştir. Sezar öldüğünde Roma halkı çok şaşkın ve çok huzursuzdu. Antonius (MÖ. 83-30) cenaze merasimi konuşmasını yapmakla görevlendirilmişti ve suikastçılara karşı halkı ayaklandırmak istiyordu. Sezar'ın yirmi üç yerinden kan akan mumyasını hazırlattı ve geçit töreninde gizli bir mekanizmayla onu yerinden kaldırıp bir tarafından diğerine döndürttü" (Price 1964).

C-) İslâm Dünyasında Yapılan Otomasyon Çalışmaları

"Bu tip çalışmalar İslâm Dünyası'nda da sürdürülmüştür. Beni Mûsâ'nın (9. yüzyıl) Kitâb el-Hiyel adlı eserinde böyle örneklere rastlanır. Bunlar arasında başını su içmek için kovaya sokan at (Şekil 28), fitili ve gaz seviyesi otomatik olarak ayarlanan gaz lambası (Şekil 29), rüzgâra arkasını döndürerek sönmeyen lambalar (Şekil30) vardır (Bir 1990). Kuşkusuz bunların en ilginci Hârun Reşîd'in (786-809) Şarlman'a hediye ettiği uçan attır (Tekeli ve ark., 2002)".

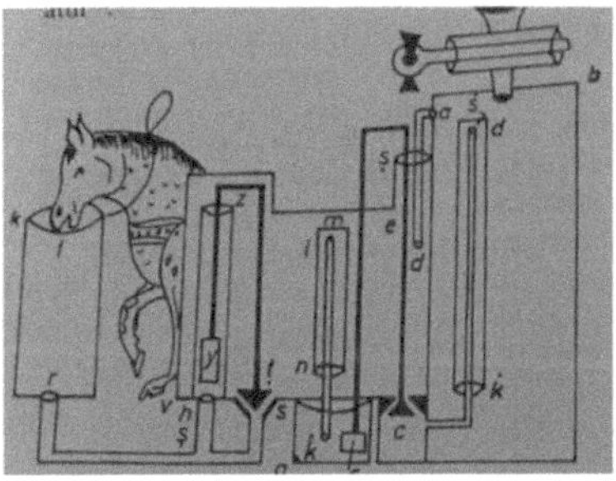

Şekil 28. At (Türkçe Çeviri, 2002)

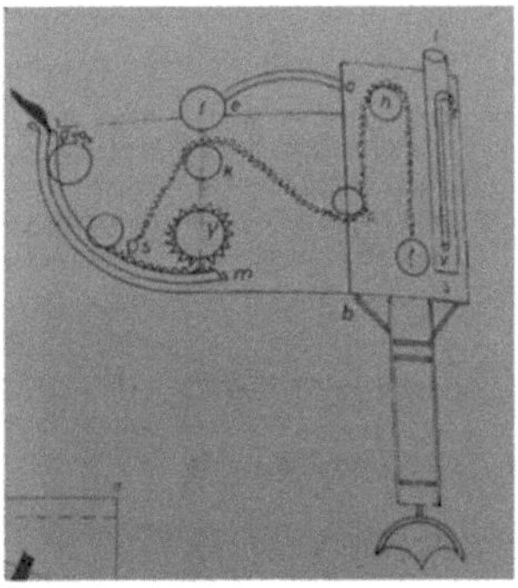

Şekil 29. Gaz Lambası (Türkçe Çeviri, 2002)

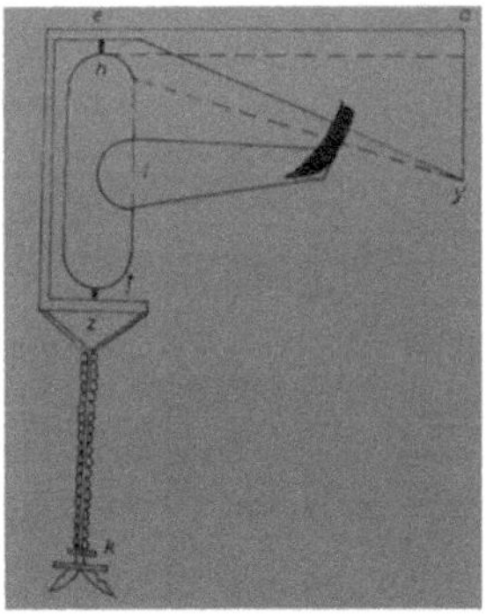

Şekil 30. Sönmeyen Lamba (Türkçe Çeviri, 2002)

El-Cezeri ile bu çalışmalar doruk noktasına ulaşmıştır. El-Cezeri'nin konuyla ilgili çalışmalarına kitabın ilerleyen bölümlerinde yer verilmiştir.

4.6. El-Cezeri'nin Saatler Üzerine Olan Bazı Çalışmaları

Tekeli (2007), konu ile ilgili duygularını şu şekilde ifade etmektedir: *"Zaman ölçümü insanları çok ilgilendiren bir konu olmuştur. Çünkü bulunduğumuz anın günün hangi saatine veya ne zamanına tesadüf ettiğini bulmak insanlar için çok önemli. Zamanı ölçmek için pek çok çalışmalar yapılmış. Herkesin bildiği gibi su saatleri, kum saatleri, güneş saatleri zamanı ölçmek için kullanılmıştır. Bunların içerisinde en geliştirileni zamanı en daha dakik olarak verebilme imkânı sağlayan araçlar su saatleri olmuştur ve bunlar üzerinde çok ayrıntılı çalışmalar yapılmıştır. Artuklular döneminde su saatleri üzerindeki çalışmalar El-Cezeri adlı önemli bilim adamı ile adeta doruk noktasına ulaşmıştır. Su saatleri üzerindeki çalışmaları bazı prensipler üzerine dayanır. Bunlar; ağırlık, hava, boşluk üzerine dayanır. Bu üç önemli nokta su saatlerinin dakik su saatleri haline getirilmesinde veya su saatleri araçları olarak kullanılmasında önemli rol oynamıştır. Bu bakımdan diyebiliriz ki Cezeri ile su saatleri üzerindeki çalışmalar doruk noktasına ulaşmıştır. Artık Cezeri'den sonra su saatleri üzerinde Cezeri ayarında bir çalışma göze çarpmamaktadır.*

Cezeri ile sadece saatler değil otomatlar üzerindeki çalışmalarda son derece önemlidir. Bir hareket başlıyor, bir süreç takip ediyor, bundan sonra hareket duruyor. İstenilen bir zaman sonra da tekrar o hareket yeni baştan başlayabiliyor. El-Cezeri'nin önemi işte bu noktadadır. El-Cezeri'nin ilk başlangıç noktası da İslam Dünyasında Beni Musa kardeşlerle başlıyor. Mesela Yunan çağında da bir atın hareket ettiğinden bahsedilir ama bunlar bir otomat olarak kabul edilebilecek hareketler değildir.

El-Cezeri'nin yaşadığı dönemde ve El-Cezeri'nin ortaya koymuş olduğu şeyler hakikaten Dünya çapında en üst sırayı alır".

El-Cezerinin kitabındaki "Eşit saatlerin ve Güneş saatlerinin geçişlerinin belirtildiği saatler" bölümünde geçen bazı çalışmaları bu alandaki çalışmalarına örnek olarak aşağıda gösterilmiştir.

1. Güneş saatlerinin geçişini bildiren su saati

"El-Cezeri'nin tasvirini verdiği su saati gece 12 ve gündüz 12'ye bölünmüş bir Güneş su saatidir (Şekil 31). Bu saat bir astronomik saattir; yani gündüz Güneş'in gökyüzünde nerede olduğunu, hangi burçta olduğunu, Güneş ve Ay'ın gökyüzündeki konumlarını, gündüzden veya geceden ne kadar saat geçmiş olduğunu bildirir.

Bu saat iki insan boyu yüksekliğinde bir ev biçimindedir. Alt kısmı dokuz karış yüksekliğinde, bronz veya tahta ile kapanmış bir kapı, aracın en alt kısmında, perdenin önünde iki davulcu, iki borucu, zilci figürü, perdenin iki yanında iki mihrap ve içlerinde kanatlarını açmış birer şahin ve şahinlerin önlerinde, içlerinde birer zil asılı iki vazo, iki mihrabın arasında dışbükeyliği yukarı doğru olan yarım daire biçiminde sıralanmış 12 cam disk, mihrapların üstünde bir friz ve friz boyunca hareket eden altından yapılmış bir hilâl, frizin üstünde aynı renge boyanmış tek kanatlı 12 kapı, onların da üzerinde, alttakilere paralel çift kanatlı 12 kapı daha, kapıların üstünde 12 burçtan altısının göründüğü bir pencere, onun da altında Güneş'i taşıyan bir halka, onun altında da Ay'ı taşıyan bir halka vardır.

Saatin İşleyişi: *Gün başlangıcında altın hilâl friz üzerinde muntazam bir biçimde hareketine başlar. Kapılardan birinciyi geçip, birinci ile ikinci kapı arasına gelince, üstteki kapılardan ilkinin kanatları açılır ve bir figür görünür, aynı anda alttaki kapı döner ve rengi değişir. İki şahin öne doğru çıkıp vazolara yaklaşır ve gagalarından birer topu zillerin üzerine* *düşürürler. Çok uzaktan bile işitilebilecek ses çıkarırlar. 6., 9. ve 12. saatlerde ise bunlara ek olarak aynı anda davulcular davullarını, zilci zilini çalar ve borucular borularını öttürürler.*

Güneş, Ay ve Burçların Hareketi: Gün başlangıcında Güneş hangi burçta ise, o burç hizasında ve ufuktan doğmak üzere bulunur. Yavaş yavaş Güneş'le birlikte doğmakta olan burç yükselir, karşısındaki burç ise batar.

Geceye gelince: Ay gökyüzünde göründüğü biçimde, yani hilâl ise hilâl, yarım Ay ise yarım Ay, dolunay ise dolunay biçiminde, bulunduğu burç hizasında görünür. Gecenin başlangıcından itibaren bir saat süresinde, ilk cam disk bütünüyle aydınlanıncaya kadar gittikçe büyüyen bir ışık görülür. Altıncı ve dokuzuncu cam diskler bütünüyle aydınlandığında müzisyenler, gündüz olduğu gibi görevlerini yerine getirirler. On ikinci cam disk aydınlandığında ki bu gecenin son saatinin sonudur, aynı işlevler tekrarlanır".

Şekil 31. Güneş Saatlerinin Geçişini Bildiren Su Saati (Türkçe Çeviri, 2002)

2. Kayık Su Saati

"Bu saat, pirinçten yapılmış, kayık biçiminde güzel bir kaptır (Şekil 32). Bu kayığın orta kısmında, pirinç sütunlar üzerinde yükselen kare biçiminde bir hisar, hisarın üzerinde küçük bir kubbe vardır. Hisarın, kayığın pruvasına bakan yüzünde bir kapı bulunur. Bu kapıdan bir şahinin başı ve göğsü görünür. Sütunlar arasında karşılıklı iki kiriş vardır. Kirişlerin ortasından bir mil geçer. Bu mile bir yılanın kuyruğu sarılmıştır. Yılanın başı şahine doğru uzanmıştır. Kayığın orta kısmında kubbeye benzer bir kısım, bunun üstünde de elinde kalem tutan bir kâtibin oturduğu kürsü vardır. Kürsünün üzerinde, kâtibin çevresine 15 işaret yapılmıştır. Kalem bu işaretler üzerinde hareket eder ve işaretlerin sonuna geldiği zaman günün bir eşit saati geçmiştir. Şahin yılanın ağzına bronz bir top düşürür. Yılan alçalır ve topu kayığın pruvasındaki büyük bir zilin üzerine bırakır ve yerine döner. Kâtibin kalemi tekrar ilk işarete döner".

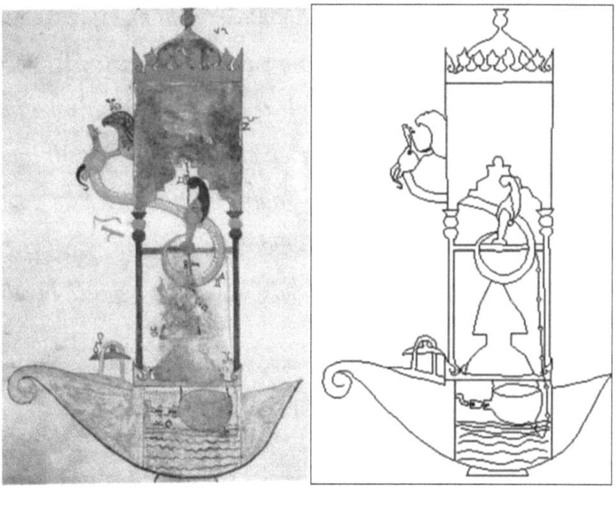

Şekil 32. Kayık Su Saati (Türkçe Çeviri, 2002)

3. Eşit Saatlerin Geçişini Bildiren Fil Su Saati

Bu saat, El-Cezeri'nin en ünlü aracıdır (Şekil 33). *"Bu saat, sırtında kare biçiminde bir kürsü, kürsünün köşelerindeki sütunlar üzerinde bir hisar, hisarın üzerinde küçük bir kubbe, kubbenin üstünde de bir kuş bulunan bir fil şeklindedir. Hisarın filin başı yönündeki tarafında bir balkon, balkonda oturan bir adam, adamın sağında ve solunda iki şahin, balkonun sütunları arasında uzanan ve üzerine iki yılan sarılmış bir mil, kürsünün orta kısmında bir yarım küre ve üzerinde elinde kalem tutan bir kâtibin oturduğu platform, platform üzerinde 7 1/2 dereceye bölünmüş bir yay, filin boynuna oturmuş, sağ elinde balta sol elinde sopa tutan bir bakıcı ve filin boynunun iki yanında iki vazo bulunmaktadır.*

Saatin İşleyişi: *Kâtibin kalemi yarım saatte 7 1/2 dereceye gelince, kuş öter, deliklerden birinin yarısı beyaza döner, balkonda oturan adam sağ tarafındaki şahinin gagasından elini kaldırır, sol elini sol tarafındaki şahinin gagası üstüne koyar. Sağındaki şahinin gagasından, sağdaki yılanın ağzına bir top düşer, yılan topu filin sağ omzundaki vazoya bırakır, filin seyisi balta ile filin başına hamlede bulunur, sopalı sol elini kaldırır ve filin başına vurur. Top filin göğsünden çıkar, karnında asılı bir çan üzerine düşerek ses çıkarır, böylece yarım saatin geçtiği bildirilir. Kâtibin kalemi derece işaretlerinin dışına gelir. Bundan sonra aynı işlemler sol taraftaki şahin ve yılan için tekrarlanır. Bir delik tamamen beyazla örtülür. Bu anda bir saat geçmiştir".*

Şekil 33. Eşit Saatlerin Geçişini Bildiren Fil Su Saati (Türkçe Çeviri, 2002)

İslam Dünyasındaki Mucitler belgeselinde (2009), El-Cezeri'nin bu çalışması için şu ifadeler kullanılmıştır. *"....."Dâhiyane Mekanik Cihazların Bilgileri" kitabının en ayrıntılı bölümlerinden biri hidrolik prensipleriyle çalışan su saatlerine ayrılmıştır. Bu sayfalarda zamanı ölçmek için kullanılan Dünyanın en karmaşık mekanik cihazlarından biri detaylandırılmıştır. Özellikle bir makine günümüzde yeniden yapılabilmesine bile meydan okuyacak kadar şaşırtıcı bir teknolojik gelişmedir. Bu makineye "fil saati" denmektedir. Dubai'de Ibn Battuta Merkezinde ki MTE stüdyoları El-Cezeri'nin şaheserinin işleyen büyük ölçekli bir taklidini yaptı* (Şekil 34). *7 metre yüksekliğinde ve 7 ton ağırlığındaki bu mega saatte 150 den fazla uzmandan oluşan bir ekip görev aldı ve bu proje 11.000 çalışma saati gerektirecek kadar zor bir görevdi.*

Ludo Verheyen El-Cezeri'nin fil saatini yeniden yapma projesinin müdürüdür. Verheyen " Bu proje büyük bir mücadeleydi. Çünkü gerçekten de bu özellikte ilk kez olarak yeniden inşa ediliyordu, karmaşık bir şeydi.

Mucidi 8 yüzyıl önce yaşamıştı. El-Cezeri büyük bir mucitti. Mekaniğinin nasıl çalıştığını çok kesin bir şekilde onun el yazmalarından öğrenmek çok çok harika bir şeydi".

Ama bu karmaşık ve hayranlık uyandıran cihaz gerçekten de nasıl çalışır ve El-Cezeri Antikçağ'daki atalarının zamanı ölçen cihazlarını bu kadar radikal olarak nasıl geliştirebildi. Fil saati şaşırtıcı bir şekilde modern mühendislikte kullanılanlara benzeyen birkaç mekanizmadan oluşur. Filin bel kısmında küçük bir deliği olan yüzer bir şamandıra vardır. Bu delik suyun belirlenen akışını sağlamak için dikkatlice ayarlanmıştır. Suyun akışı şamandıranın batacağı hızı belirler ve böylece saatin çalacağı zamanı da belirlemiş olur. Şamandıranın batması bir dizi işlemi harekete geçiren debreyolü çalıştırır ve bu da zamanın geldiğini gösterir ve saat çalar. Bu aşamada şamandıra sudan dışarı çıkar ve içindeki suyu boşaltır. Şamandıra sonra su yüzeyinde kalır ve döngü tekrar edilir. Saat geçen zamanı bildirmek için bir Sinbal'in vuruşu veya bir kuşun şakıması gibi sesleri kullanır.

Prof. Al-Hassani; "otomatik geri beslemesi olduğu için bir bakıma dönemi için çok karmaşık bir saatti ve o nerdeyse sonsuz hareketli bir makine gibi devam ederdi". Fil saati Doğu Uygarlığının Altın Çağındaki teknolojisinin en güzel örneklerinden biridir. Verheyen; "O sanat ve mimarinin ve de mühendisliğin eşsiz bir kombinasyonudur"".

Şekil 34. London Science Museum'daki "1001 İcat'ta" Sergilenen Filli Su Saati (Foto: http://www.topragizbiz.com/showthread.php/625-el-ceziri-ve-filli-su-saati)

4. Eşit Saatlerin Geçişinin Öğrenilebildiği Tavus Kuşlu Su Saati

"Araç üç mihraptan oluşmaktadır. Birinci mihrapta erkek tavus kuşu, ikinci mihrapta iki genç tavus kuşu, üçüncü mihrapta dişi tavus kuşu ve bunların üzerinde ise on beş adet cam diskin bulunduğu bir yarım daire vardır (Şekil 35). *Günün bir eşit saati geçtiğinde dişi tavus mihrabın sağ sütunundan sol sütununa doğru döner. İki genç tavus kuşu kavga ederler ve erkek tavus döner ve kendini gösterir. Aynı anda ilk diskin yarısı kırmızı olur".*

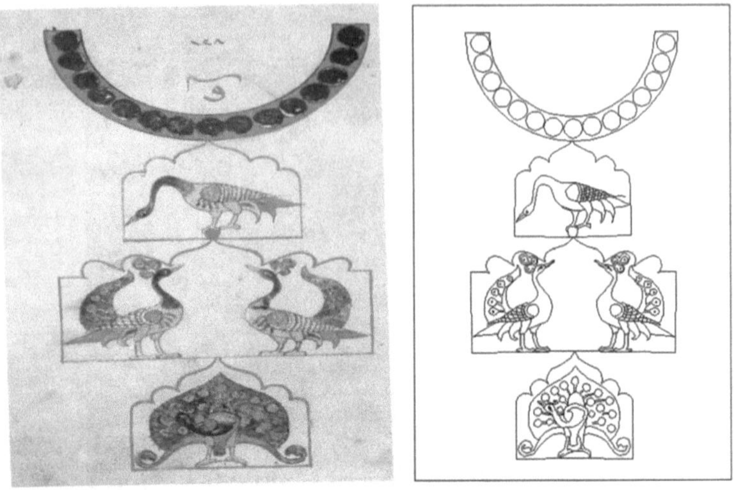

Şekil 35. Eşit Saatlerin Geçişinin Öğrenilebildiği Tavus Kuşlu Su Saati

(Türkçe Çeviri, 2002)

5. Mumlu Saatler

Unat (2002), El-Cezeri'nin mumlu saatler çalışmasıyla ilgili şunları ifade etmektedir: "*Otomat yapımı açısından ilginç olan ve El-Cezeri'ye kadar karşılaşılmayan bir diğer grup ise mumlu saatlerdir. El-Cezeri, herhangi bir kimsenin şamdan saatleriyle ilgili bir çalışmasıyla karşılaşmadığını ve böyle bir saat örneği görmediğini, ancak, üzerinde fitilinin kirişteki delikten geçerek pirinç şamdanın tepesine ulaştığı bir mumu olan şamdan ayağının yanında bir aslanın başının bulunduğu ve mumun yanma süresinden bir sabit saat geçtiğinde aslanın ağzından şamdanın dibine bir topun düştüğü pirinç bir şamdandan söz edildiğini söyler*". Bu saatler;

5.1. Eşit Saatlerin Geçişinin Öğrenilebildiği Mum Saati

"Araç, üzerinde pirinç kılıfı olan bir şamdandır (Şekil 36). *Kılıfın dibinde bir tünek üzerinde, sırtı ve kafasının arkası kılıfa bitişik olan bir şahin vardır. Şahinin sağında, şamdanın kaidesi üzerindeki kürsüde, elinde kalem tutan bir kâtip yer alır. Başlangıçta kâtibin kalemi on beşe bölünmüş bir daire yayının dışında bulunur. Mum yakılır. Kâtibin kaleminin ucu ilk işaretin karşısına gelinceye kadar hareket eder. Kalem on beş derecenin sonuna ulaştığında şahinin gagasından şamdanın kaidesine bir top düşer. Bu durumda gecenin bir saatinin geçmiş olduğu bilinir".*

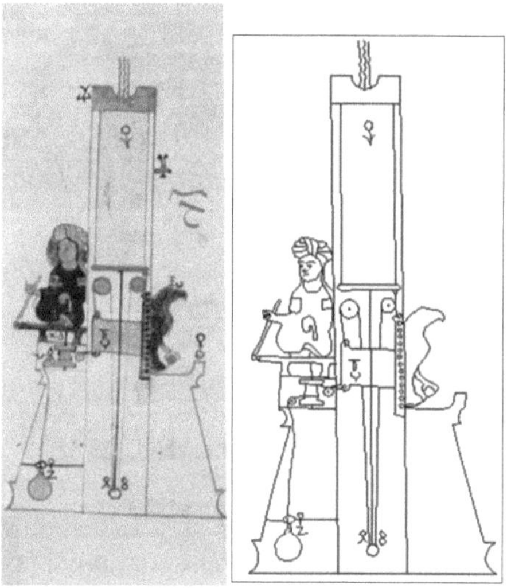

Şekil 36. Eşit Saatlerin Geçişinin Öğrenilebildiği Mum Saati (Türkçe Çeviri, 2002)

5.2. Eşit Saatlerin Geçişinin Öğrenilebildiği Kılıçlı Adamın Mumlu Saati

"Araç, pirinçten yapılmış kılıfı olan bir şamdandır (Şekil 37). *Şamdan ayağının yanında bir tünek ve tünekte de bir şahin vardır. Kılıfın*

tepesine yakın, zenci bir çocuğun oturduğu bir raf yer alır. Çocuk sağ elinde bir kılıç tutmaktadır. Kılıfın tepesinde ise mumun fitilinin çıktığı bir kapak bulunmaktadır. Mum gece yakılır; bir süre sonra şahinin gagasından kaideye bir top düşer. Bu anda çocuk kılıcı ile fitilin yanan kısmını keser. Böylece gecenin bir saatinin geçmiş olduğu anlaşılır. Kaidede biriken toplar saatlerin sayısını belirler".

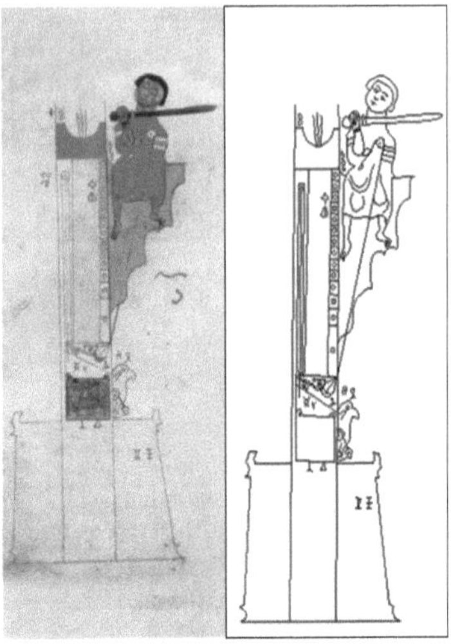

Şekil 37. Eşit Saatlerin Geçişinin Öğrenilebildiği Kılıçlı Adamın Mumlu Saati (Türkçe Çeviri, 2002)

5.3. Eşit Saatlerin Geçişinin Öğrenilebildiği Kapılı Mum Saati

İslam Dünyasındaki Mucitler belgeselinde (2009), El-Cezeri'nin kitabı ve bu çalışması için şu ifadelere yer verilmiştir. *"…. Doğunun büyük mucidi El-Cezeri 13. yüzyıldaki "Dâhiyane Mekanik Cihazların Bilgileri" kitabında bizi modern çağa taşıyacak olan mekaniğin prensiplerini geliştirmeye başladı. Bu kitap modern çağlardan önceki herhangi bir kültüre ait mühendislik gelişmelerinin en önemli kayıtlarından biridir.*

50'den fazla makine için tasarımlar içermektedir. Diğer mühendislerin onları proje olarak alabilmeleri ve genelde karmaşık olan bu cihazları yapabilmeleri için her biri hatasız ve ayrıntılı olarak tarif edilmiştir.

İngiltere'nin önde gelen model yapımcısı Richard Windley'e El-Cezeri'nin dâhiyane otomatik makinelerinden birini yapması için başvurduk. Geçen zamanı kesin olarak ölçebilmek için mum kullanan bir cihazı (Şekil 38).

Windley; "Hattâ şamdanın hangi materyallerden yapılacağını, mumun tam boyutlarını ve hattâ mum fitilinin neden yapılması gerektiğini kitabına yazmıştı". El-Cezeri kitabında 4 ayrı mum saati tarif etti. Böylesi bir gelişmişliğin başka bir örneği bilinmemektedir. "Saat mumun yavaşça yanması ve değişmesi temelinde bir dizi palanga ve tel aracılığıyla çalışır ve saatin kaç olduğunu gösteren bir saraç vardır. İslamiyet'te gün eşit olarak bölünmüştür. Gündüz saatleri ve gece saatleri farklıydı. Böylece bütün sistem daha da karmaşık hale geliyordu". Ancak El-Cezeri'nin çözümü aldatıcı bir biçimde basitti. "Temel olarak elimizde olan şey yanan bir mumdur. Ve mum yanıp eridikçe yukarı doğru itilir ve şamdan yavaşça yükselir. Bu kurşun ağırlığı bu şekilde alçalacak ve işlem esnasında buradaki teli çekecektir. Tel bir makaranın üzerinden ve aks milinin etrafından geçer. Bu saati göstermesi için sayaç üzerindeki göstergeye bağlanan mildir". Küçük çaplı ve zamanı doğru olarak gösteren cihazın bu şaşırtıcı örneği ayrıca bugün birçok evde bulunan basit bir mekanizmayı da kullanır. "Kapağı alttaki basınca karşı tutacak bir tür aksamın olması oldukça önemlidir ve El-Cezeri'nin yaptığı şey ise "L" şeklinde bir tür klips sistemi kullanmaktadır. Aslında bu günümüzde elektrikli lambalarında bulunanların nerdeyse tamamen aynıdır ve biz ona Bayonet bağlantısı deriz. 8 yüzyıl sonra son derece benzer bir şeyi hala kullanıyor olmamız ilginçtir". ".

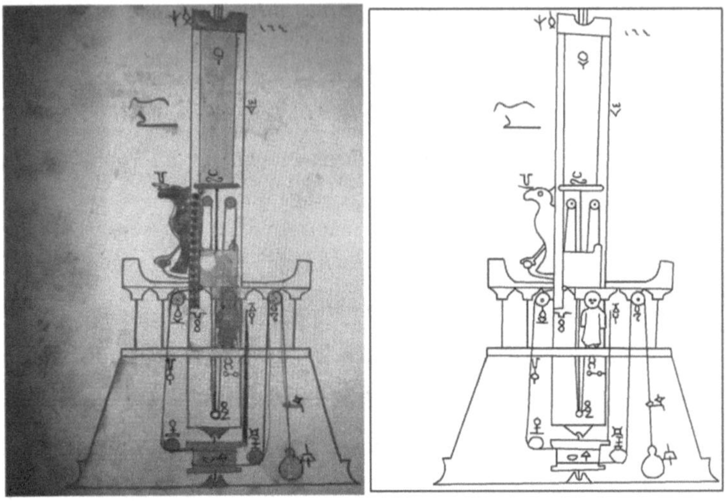

Şekil 38. Kapılı Mum Saati (Tıpkıbasım, 1990)

4.7. El-Cezeri'nin "Olağanüstü Mekanik Araçların Bilgisi Hakkında Kitap" Adlı Eserindeki Diğer Bazı Çalışmaları

1. İçki Partileri İçin Uygun Kap Ve Figürlerin Yapımı Üzerine Olan Çalışmalar.

İslam Dünyasındaki Mucitler belgeselinde (2009), El-Cezeri'nin bu çalışması için şu ifadeler kullanılmıştır. *".... Oxford Üniversitesinden Prof. Andrew Wilson; "İslam Dünyasının başlarında 7. ile 9. yüzyıl arasındaki Batı Avrupa'ya tezat olarak mekanik biliminde gerçekten de önemli bir altyapı oluşuyordu".*

Doğudaki teknoloji ve mühendisliğin gelişmesine öncülük eden üç kardeş vardı. Onlar Banu Musa's olarak biliniyorlardı. Antikçağ mucitleri Philon ve Heron'un eserlerinin Arapçaya tercüme edilmesinden etkilenen

Banu Musa's, seleflerinin eserlerini geliştirerek bir dizi yeni tasarımlı makine yarattılar.

Al-Hassani; "Mekanik bilimi genelde şaşırtmacanın bilimi olarak bilinir. Çünkü insanın yaptığı şey yapılması imkânsız olan bir şeyi başarmak için gerçekten de mekanik fenomeni kullanmasıdır".

Anahtar son derece gelişmiş olan hidrolik teknolojisinin kullanımıdır. Hava ve su basıncını kontrol eden Antikçağ insanları, makineleri otomatik olarak düzenlemeyi başardılar. Banu Musa'nın şaşırtmak için yaptığı bu cihazda kullanılan kesin mühendislik teknikleriyle, modern mekaniğin temellerinin büyük bölümünü atacaklardı.

Al-Hassani; "Bu tipik makine etkin bir şekilde ve aralıklı olarak insana su ve içki akışı sağlamaktadır (Şekil 39). *9. yüzyılın başlarında geliştirilen iki yeni sistem çok zekice kullanılır. İlk sistem konik bir yer vanasıdır ve su akışını düzenlemek için kullanılır. Su, deponun üstüne yükseldiği zaman şimdi burada yaptığı gibi deponun dibindeki bir delikten geçer. O delikte konik bir yer vanası vardır; ama su yukarı çıktığında o bu deliği kapatacaktır. 2. Sistem; vananın hareketinin zamanlamasını kontrol eden geri beslemeli bir mekanizmadır ve deponun ortasında bir sifon sistemi olduğu için suyu alttaki daha küçük bir depoya aktaracaktır. Şimdi daha aşağıdaki üçüncü bir depoda bir şamandıra vardır. Eğer şamandıra yukarı çıkarsa o zaman su dışarı püskürecektir. Ancak yukarı çıktığı için oradaki vanayı itecektir. Çünkü o bu vanaya bağlıdır ve üst depodan gelen suyu durduracaktır". Bu cihaz ve ona benzeyen diğerleri farklı basınçları kullanmanın şaşırtıcı bilgisini sergiler. Tam olarak aynı teknik günümüz bulaşık makinelerinden, jet motorlarına kadar her şeydeki mekanizmaları kontrol etmek için kullanılır".*

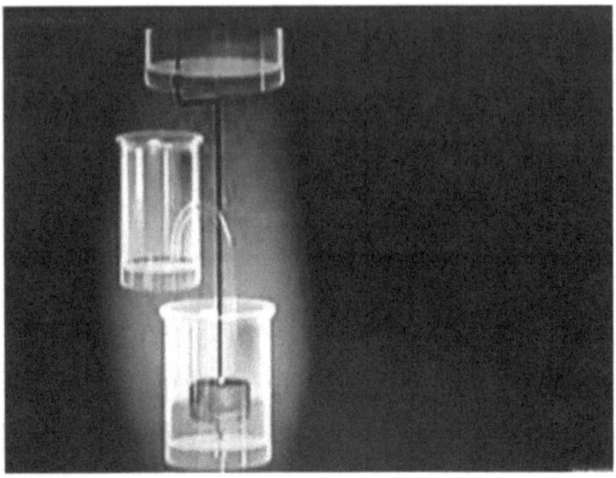

Şekil 39. Konik Yer Vanası (İslam Dünyasındaki Mucitler Belgeseli, 2009)

1.1. Bir Partide Kimin İçki İçeceğine Karar Veren Bir Araç

"Araç beş katlı bir hisar biçiminde yapılmıştır. En alt bölmede bir elinde şişe tutan, önünde bir kadeh bulunan bir cariye oturmaktadır. Onun üzerindeki bölmede dört müzisyen cariye, bunun üzerindeki ayvanda bir dansör, en üst bölmede iki kanatlı bir kapı vardır. Hisarın üzerinde bir kubbe ve kubbenin üstünde de bir at ve sürücüsü bulunmaktadır (Şekil 40).

Bu otomat toplantıya getirilip orta yere konur. Bir süre sonra cariyeler müzik araçlarını çalmaya, dansör dans etmeye, süvari dönmeye, cariye önündeki kadehe şişeden şarap doldurmaya başlar. Süvari durur; bir saki, kadehi süvarinin mızrağı ile işaret ettiği kişiye sunar. Kişi şarabı içince, tekrar kadehi cariyenin önüne koyar. Bu seremoni 20 dakikalık aralıklarla 20 kez tekrarlandıktan sonra, üst hisardaki kapının kanatları açılır ve kapıdan çıkan figürün sağ eli "başka şarap yok", sol eli ise" iki kadeh daha var" işaretini yapar".

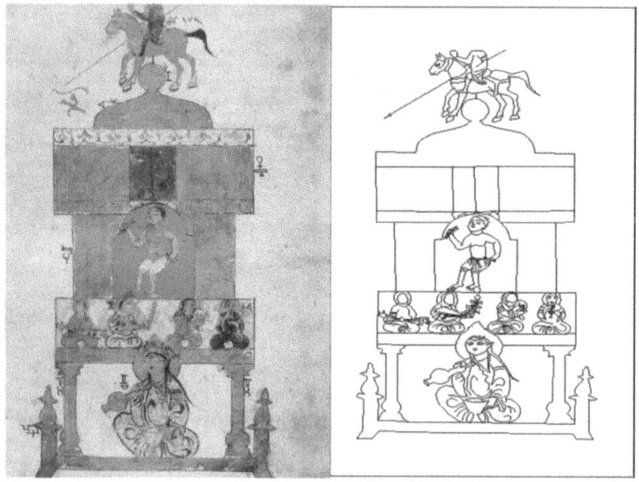

Şekil 40. Bir Partide Kimin İçki İçeceğine Karar Veren Bir Araç (Türkçe Çeviri, 2002)

1.2. Bir İçki Partisi Boyunca Bir Havuz Üzerinde Yüzen Kayık Biçimindeki Kap

"Bu araç, bir içki partisinde bir havuz üzerinde yüzdürülen kayık biçiminde bir otomattır (Şekil 41).

Bu kayığın pruvasında kubbeli bir platformu, burada oturan bir hükümdar figürü, hükümdarın sağında teşrifatçısı, solunda silah taşıyıcısı, önünde de içki servisi yapan bir uşak ve bir grup içki arkadaşı bulunur. Kayığın öbür başında ise bir platform üzerinde dört müzisyen oturmuştur; müzisyenlerin arkasında bir dümenci ve küpeştelerde de kürek tutan gemiciler vardır.

Bu otomat içki partisinde bir havuza konur. Kayık, havuz üzerinde yüzer. Yarımşar saatlik fasılalarla müzisyenler çalgılarını çalarlar".

Şekil 41. İçki Partisi Boyunca Havuz Üzerinde Yüzen Kayık Biçimindeki Kap (Türkçe Çeviri, 2002)

1.3. Bir Balık ve Krala Şarap Sunacağı Bir Kadehi Tutmuş, Ayakta Duran Bir Saki

"Bir saatin sekizde birine eşit bir süre geçtikten sonra balığın başı eğilir ve ağzından kadehe şarap akar. Kadeh dolunca, balığın başı tekrar yükselir, kadeh tutan el biraz aşağı iner, kral kadehi alır, içer ve figürün eline geri koyar (Şekil 42)".

Şekil 42. Bir Balık Ve Krala Şarap Sunacağı Bir Kadehi Tutmuş, Ayakta Duran Bir Saki (Türkçe Çeviri, 2002)

1.4. Birbirlerine Şarap İkram Eden İki Şeyh:

"Bu otomat, oymalı korkulukla çevrelenmiş bir kürsü üzerinde oturan, sağ ellerinde birer kadeh, sol ellerinde de birer şişe tutan iki şeyh figüründen oluşur. Kürsünün köşelerinden yükselen dört sütun üzerinde bir hisar, hisarın üstünde de güzel bir kubbe vardır.

Otomat bir içki toplantısında ortaya konur. Bir saatin sekizde birine eşit bir süre geçince, şeyhlerden biri şişesinden arkadaşının kadehine şarap doldurur. Arkadaşı bunu içer ve memnuniyetini göstermek için başını sallar. Yine bir saatin sekizde biri geçince, diğer şeyh arkadaşının kadehine şarap doldurur. O da bunu içer ve beğendiğini belli edercesine başını sallar (Şekil 43)".

Şekil 43. Birbirine Şarap İkram Eden İki Şeyh (Türkçe Çeviri, 2002)

1.5. Fasılalarla Dolaptan Çıkan ve Şarap Dolu Bir Kadehi Sunan Bir Cariye

"7 karış yüksekliğinde ve 2 1/2 karış genişliğinde, iki kanatlı ağaç bir dolabın kanatları bir saatin sekizde biri geçince açılır; dolabın içinde, sağ elinde şarap kadehi, sol elinde ise mendil tutan bir cariye görünür (Şekil 44). Hükümdar kadehi alıp içer, mendille ağzını siler, kapının kanatlarını kapatır. Bir saatin sekizde biri kadar bir süre geçtikten sonra aynı olay tekrarlanır".

Şekil 44. Fasılalarla Dolaptan Çıkan Ve Şarap Dolu Bir Kadehi Sunan Bir Cariye

(Türkçe Çeviri, 2002)

2. İbriklerin, Abdest Alma Leğenlerinin Ve Kan Alma Teknelerinin Yapımı Üzerine Olan Çalışmalar

Unat (2002), *"El-Cezeri'nin hava ve boşluğa dayanarak düzenlediği araçların başında, içine doldurulan sıvıları istenildiği biçimde akıtabilen ibrikler gelir".*

2.1. Uşağın Hükümdarın Önündeki Güzel Bir Kaide Üstüne Yerleştirilmiş Leğenin Yanına Koyduğu Bir İbrik

El-Cezeri kitabında bu çalışmasıyla ilgili şunları söylemektedir: *"Hükümdar Sâlih, abdest alması için ellerine su döken bir uşak ya da cariye istemedi ve benden abdest alması için ellerine su döken bir araç yapmamı istedi. Bunun üzerine ona ülüğü yukarı yükselip sonra aşağı kıvrılan, ucu neredeyse yatay konumda olan, güzel, büyük bir ibrik yaptım* (Şekil 45). *İstenildiğinde uşak bunu getirir, güzel bir kaide üstüne leğenin yanına koyar ve kenarda bekler.*

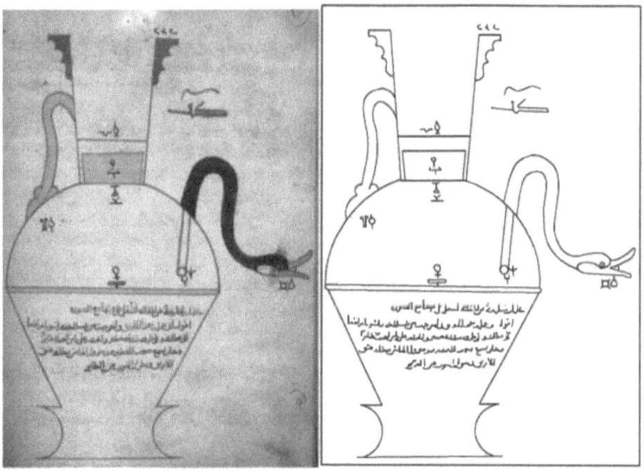

Şekil 45. Uşağın Hükümdarın Önündeki Güzel Bir Kaide Üstüne Yerleştirilmiş Leğenin Yanına Koyduğu Bir İbrik (Türkçe Çeviri, 2002)

Kapağının üstünde bir kuş kısa bir süre öter, sonra ülükten su akmaya başlar. Hükümdar abdestini alır, abdestten sonra bir miktar daha su kalır. Uşak ibriği götürür, içine su doldurur, gerekli zamanı bekler ve geri getirir".

2.2. Abdest Almak İçin Gagasından Su Akıtan Tavus Kuşu

El-Cezeri kitabında bu çalışması ilgili şunları söylemektedir: *"Tavus kuşuna özgü davranışları olan bir tavus kuşu yapılır. Boynu dik ve başı aşağı doğru, gagası açık ve uzanmıştır. Kuyruğu dik fakat açılmış konumdadır. Bu tavus kuşu abdest için gerektiğinde getirilir. Görevli hizmet edilen kişinin önüne, leğenin yanına, güzel bir kaidenin üzerine onu yere dik olarak koyar, bir kenarda bekler. Görevli kenarda beklerken tavusun gagasından abdest için yeterli miktarda su akar"* (Şekil 46).

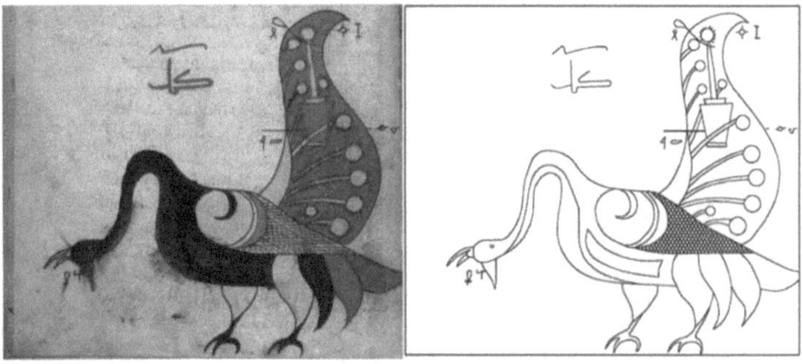

Şekil 46. Abdest Almak İçin Gagasından Su Akıtan Tavus Kuşu (Türkçe Çeviri, 2002)

2.3. Abdest Almak İçin Efendinin Eline Su Döken Bir Çocuk

"Sağ elinde, tepesinde bir kuş bulunan ibrik, sol elinde havlu, ayna ve tarak bulunan bir otomattır (Şekil 47).

İbrikten su akar ve su aktığı sürece kuş öter. Suyun akması kesildiğinde çocuk sol elindeki tarağı, aynayı ve havluyu vermek üzere sol kolunu uzatır".

Şekil 47. Abdest Almak İçin Efendinin Eline Su Döken Bir Çocuk (Türkçe Çeviri, 2002)

2.4. El Yıkamak İçin Kullanılan Tavuskuşlu Leğen

El-Cezeri kitabında tavus kuşlu leğenin işleyişini şöyle ifade etmektedir: "*Efendi ellerini yıkamak ya da abdest almak istediği zaman görevli leğeni getirir ve tavus kuşunu efendiye dönük olacak şekilde yerleştirir. Görevli bir kenarda durur ve tavus kuşu efendinin ellerine gagasından bir miktar su akıtarak çalışmaya başlar. Sonra hisarın sağındaki kapının kanatları açılır ve buradan elinde sabun kavonozu tutan bir çocuk çıkar. Efendi bundan istediği miktarını alır. Su, elini yıkadığı sürece akar. Yıkama bittiğinde suyun akışı durur. Sonra hisarın solunda bulunan kapının kanatları açılır ve efendinin elini kurulaması için havlu tutan bir çocuk dışarı çıkar. Su ilkin leğene, sonra leğenin kaidesine akar.*

Kaidede kapalı bir musluk vardır. Leğen efendiden alınıp uzaklaştırıldığı zaman musluk açılır ve leğen musluğa doğru içindeki bütün suyun çıkması için eğilir. Bunlar yapıldıktan sonra musluk kapatılır ve leğen kullanım için gerekli oluncaya kadar bir tarafa konur" (Şekil 48).

Şekil 48. El Yıkamak İçin Kullanılan Tavuskuşlu Leğen (Türkçe Çeviri, 2002)

2.5. Çocuklu Leğen

"Araç, sağ elinde bir ibrik, sol elinde tarak ve havlu tutan bir çocuğun bulunduğu bir kürsü, kürsünün yanında, içinde kuyruğu kürsüye bitişik ve gagası zemine doğru uzanmış olan bir tavusun bulunduğu bir havuz ve kürsünün üzerindeki dört sütuna yerleştirilmiş bir kubbe ve üzerindeki bir kuştan oluşmaktadır.

Su ibrikten akar ve su aktığı sürece kuş öter. Akan su havuzda birikir ve tavus suyu içer. Su bittiğinde çocuk sol elindeki havlu ve tarağı uzatır" (Şekil 49).

Şekil 49. Çocuklu Leğen (Türkçe Çeviri, 2002)

2.6. İçine Aktığı Kanın Miktarının Öğrenildiği Keşişli Tekne

"El-Cezeri 'nin otomat çalışmaları arasında, hastadan alınan kanın miktarını ölçen kan alma tekneleri de yer alır.

Kan alma teknelerine ilişkin El-Cezeri'den önce herhangi bir kayda rastlanmamaktadır. El-Cezeri, denge prensibini kullanarak çeşitli kan alma tekneleri yapmıştır.

Araç, bir kaide üzerine yerleştirilmiş bir leğen biçimindedir (Şekil 50). Teknenin ortasındaki platform üzerinde ayakta duran bir keşiş yer almaktadır. Keşişin elinde bir asa vardır ve asanın ucu 1'den 120'ye kadar işaretlenmiş olan teknenin kenarına uzanmıştır. Araç kanı alınacak kişinin önüne yerleştirilir. Kan tekneye boşaltılır. 1 dirhemlik kan teknede toplandığında keşişin elindeki asa ilk işarete ulaşır. Kan miktarı arttığında keşiş asası ile birlikte kan miktarını göstermek üzere döner".

Şekil 50. İçine Aktığı Kanın Miktarının Öğrenildiği Keşişli Tekne (Türkçe Çeviri, 2002)

3. Şekillerini Değiştiren Fıskiyeler Ve Sürekli Çalan Flüt İçin Araç Yapımı Üzerine Olan Çalışmalar

"Denge kullanılarak yapılan araçlardan fıskiyeler hakkında Heron ve Philon'da bilgi yoktur. Ancak, Vitrivius fıskiyeye su sağlamak amacıyla bazı borular kullandığından söz etmektedir. Daha karmaşık yapıya sahip fıskiyeler Beni Musâ'ya kadar yapılmamıştır.

İbn Batuta, Seyahatname'sinde, Şam ve İstanbul'da bulunan iki fıskiyenin tasvirini vermektedir. Şam'da bulunan fıskiye, Halife I. Velid (1306-1315) zamanında inşa edilmiş olan Emevî Camii'nin doğu kapısı olan Ceyrun Kapısı'nın giriş pasajında yer almaktadır. İbn Batuta'nın tasvirini verdiği diğer fıskiye de İstanbul'da bulunmaktadır. Bu fıskiye, zamanın imparatoru II. Andronichos Paleologhos'un (1282-1328) sarayında yer almaktaydı".

3.1. İki Kefesi ve Dört Çıkış Delikli Borusu Olan İki Fıskiye

"Araç suyun içinden sağlandığı bir depo ve havuz içinde yer alan iki fıskiyeden oluşur (Şekil 51)". Fıskiyelerin suyu atış biçimi belirli aralıklarla değişmektedir. *"Fıskiyelerden biri, bir saatlik süre içerisinde suyu tek ve diğeri ise altı yay biçiminde fışkırttır. Daha sonra değişir ve tek fıskiyeli olanı altı yay, altı yay olanı ise tek olarak suyu fışkırtır".* Su geldiği sürece sistem bu şekilde devam eder.

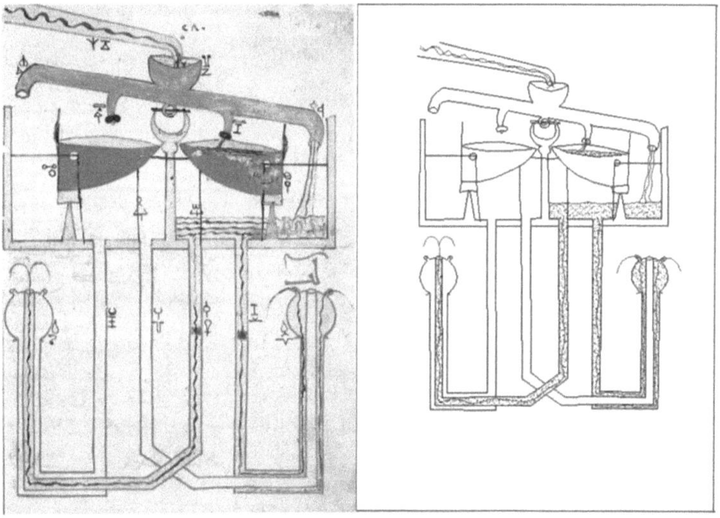

Şekil 51. İki Kefesi Ve Dört Çıkış Delikli Borusu Olan İki Fıskiye

(Türkçe Çeviri, 2002)

3.2. Sürekli Çalan Bir Flüt İçin Terazili Araç

Aracın çalışma prensibi; *"Uzun bir tank yapılır; enine kavisli bir levha ile bölünerek iki tank oluşturulur. Üst taraftaki "x" bütün tankın 1/3 ü ve aşağıdaki "s" ise 2/3 üdür. Tasvir ettiğim biçimde bir ikinci tank daha yapılır ve ikiye bölünür, alttaki "m" 2/3 ve üstteki "n" 1/3 dür. Tanklar birbirlerine yakın olarak konulur. "s" tankına "l" sifonu ve "m" tankına "k" sifonu yerleştirilir. İçi boş "y" borusu bir terazi kolu gibi hazırlanır. Açık olan "t" ve "j" aşağı doğru kıvrılır. "t"'nin ucunun üst kısmında, ucunda üç zincirle kefe "z"'yi taşıyan halkasıyla bir fazlalık vardır. "j"'nin ucunun üstünde de halkasıyla bir fazlalık vardır ve üç zincir kefe "e"'yi taşımaktadır. Kolun merkezinin altında uçları iki tank arasına sağlamca dikilmiş bir ayağın üstüne güvenli bir biçimde yerleştirilmiş bir mil vardır. Kolun merkezinin üst kısmına da bir huni "b" tespit edilmiştir.*

Kolun alt kısmına, "j" ucuna, "a" ucu "z" kefesinin üstüne gelecek biçimde, ince bir boru yerleştirilir. Sonra "t" ucuna "f" ucu "e" kefesi üzerine gelecek biçimde aşağıya doğru uzanan dar bir boru yerleştirilir. Bunun resmini gösterdim (Şekil 52).

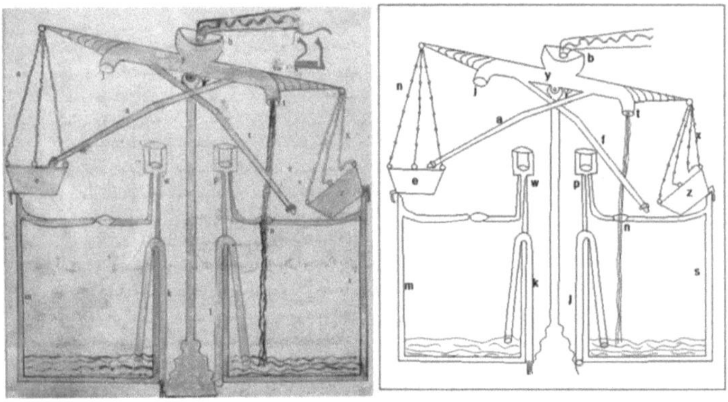

Şekil 52. Sürekli Çalan Bir Flüt İçin Terazili Araç (Türkçe Çeviri, 2002)

Su kanaldan huni "b"'ye aktığında borudan geçtikten sonra "t" ucundan çıkacağı açıktır, çünkü (kol) tank "x"'e doğru eğilmiştir ve tam onun üstündedir. "t" deliğinden "s" tankına akar, içindeki hava sürülür ve üstünde düdüğü olan "p" borusundan çıkar ve (düdük) flüt gibi çalar. Suyun az bir kısmı "f" borusuna geçer, yavaşça "e" kefesine akar. "e" kefesi "s" tankı ve "x" tankının bir kısmıyla aynı sürede dolar. "e" kefesi ağırlaşır ve aşağı iner. Arka kısmında ucu aşağı doğru eğik bir uzantı vardır. Kefe aşağı inince uzantının köşesi tank "n"'nin kenarına dayanır. Kefe eğilir, içindeki suyu tank "n"'ye boşaltır. Kefe "e" eğik konumunu korur. Su "j" ucundan "n" tankına aktığında "s" deliğinden "m" tankına geçer, içindeki hava, ucunda flütün düdüğünün bulunduğu "w" borusuna sürülür. Suyun bir kısmı "a" borusu içinde akar ve ucundan "z" kefesine dökülür; "m" tankı ve "n" tankının bir kısmı aynı anda dolar. "s" tankının içindeki (su) "l" sifonundan boşalır. "z" kefesi ağırlaşır ve aşağıya iner. Arka kısmının ucunda, ucu aşağıya kıvrık bir uzantı vardır. Kefe aşağıya inince uzantının dirseği tank "x"'in kenarına dayanır ve kefe eğilir, içindeki suyu tank "x"'e boşaltır. "m" tankı içindeki su "k" sifonundan boşalır. Su kanaldan geldikçe bu işlem sürer gider".

4. Derin Olmayan Göllerden Ve Irmaklardan Suyu Yukarı Çıkaran Araçların Yapımı Üzerine Olan Çalışmalar

El-Cezeri'nin konuyla ilgili çalışmalarına değinmeden önce bu amaçla kullanılan araçların kısa bir tarihçesini verelim.

Bu araçlar, göl veya kuyulardan suyu yukarı çıkarmak için kullanılan araçlardır. Bunlar;

a-) Kovalar

"Şekil 53'de görüldüğü gibi, bir kalasın ucuna, uzunluğu kuyunun derinliği artı kalasın boyuna eşit bir ip, ve onun da ucuna bir kova bağlanır. Kalasın diğer ucuna ağırlığı su dolu kovanınkinden daha fazla olan bir ağırlık asılır. Kova kuyuya veya göle sallanıp su ile dolup kendi haline bırakıldığında, kalasın ucundaki ağırlık dolu kovanın ağırlığından fazla olduğundan hiç bir kuvvet uygulamadan kovayı yukarı çıkaracaktır".

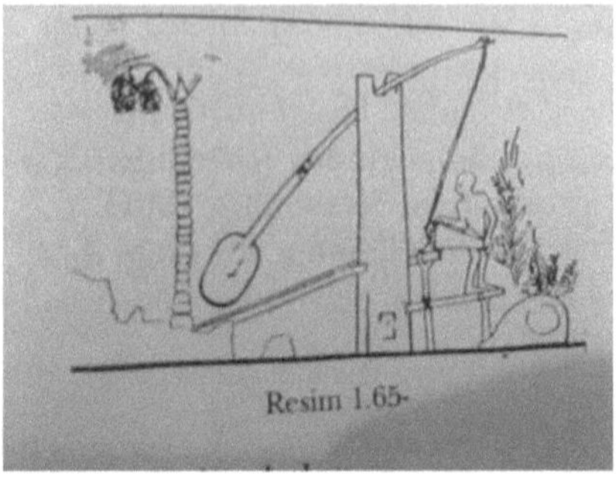

Şekil 53. Kova (Türkçe Çeviri, 2002)

b-) Tulumbalar

"Suyu yukarı çıkarmakta kullanılan araçların bir diğeri kuşkusuz Ctesibios'un söz konusu ettiği basma tulumbalardır. Bunlar deneme yanılma yöntemiyle değil, dönemlerinin üst düzeydeki hava boşluk üzerindeki teorik bilgileri temel alınarak icat edilmişlerdir".

c-) Archimedes'in Burgusu

"Bu aracın ilk olarak Archimedes tarafından kullanıldığı söylenir. Sirakuza Kralı I. Hieron'nun inşa ettirdiği büyük bir gemi içindeki suyu boşaltmakta kullanılmıştır.

Bu araç bir silindir içine sıkıca yerleştirilmiş bir heliksten oluşur. Açık olan alt ucu 45 derecelik açı yapacak biçimde suya daldırılır. Heliks döndürüldükçe su yukarı çıkar (Şekil 54)".

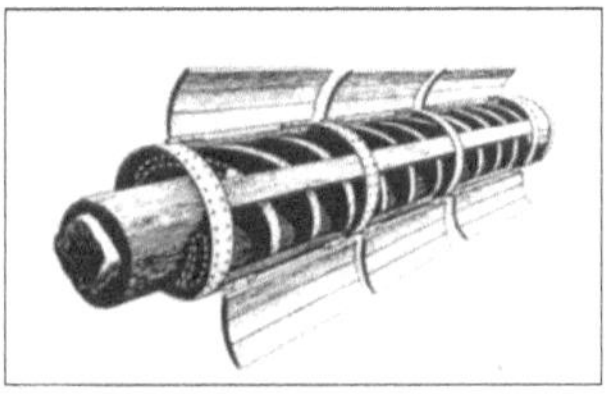

Şekil 54. Archimedes Burgusu (Türkçe Çeviri, 2002)

d-) Su Tekerlekleri

"Bunlar da iki alt gruba ayrılır.

1-) Akarsulardan,

2-) Göl veya kuyulardan suyu yukarı çıkaran araçlar.

Akarsulardan suyu yukarı çıkaran araçlar, çevrelerine kanatlar yerleştirilmiş, dikey olarak bir kısmı suyun içine gömülmüş tekerleklerdir.

Bu tekerleğin üzerine kovalar yerleştirilir, akan su kanatlara çarparak tekerleği döndürür ve kovalar yardımı ile de su yukarı çıkarılmış olur. Su gücünden yararlanılarak suyu yukarı çıkarmakta kullanılan bu araçlara İslâm Dünyası'nda "Noira" (Farsça, su tekerleği) veya "Sindî tekerleği", Batı'da ise "Norse mill" adı verilmiştir. En eski örneğine Apamea'daki bir minyatürde rastlanır.

Daha sonra bu tekerlekler yatay konuma getirilerek ve ortasından çıkan eksene değirmen taşı yerleştirilerek, hububat öğütmekte kullanılmaya başlanmıştır. Bu değirmenlerin Augustus (M.Ö. 63-MS. 14) döneminde kullanıldığından söz edilir. Bir diğer kaynak da Teselya'lı Antipotes'in (M.Ö. 1. yüzyıl) şiiridir. Strabon'un (M.Ö. 1. yüzyıl) Pontus'ta Mitridates'in sarayının yakınlarında inşa edildiğinden söz ettiği değirmen bu tip bir değirmendir.

Romalılar bu değirmenleri çok geliştirdiler Bunların önemini kavrayanlar (M.S. 4. yüzyıl) bu araçları değişik amaçlar için kullanmaya başladılar; madenleri dövmekte, körükleri üflemekte olduğu gibi. Bu kullanımda kuvvet yönünün değiştirilmesi, başka deyimle dişlilerin kullanılması gerekiyordu. Vitruvius'un tasvir ettiği değirmenler bu gruptandır. Bu değirmenlerin menşei bilinmese de, ilk önce dağlık bölgelerde kullanılmış olduğu düşünülebilir.

İslâm kaynaklarında da bu tip araçların kullanılmış olduğundan sıkça söz edilir. Yakut, Maderan bölgesinde 300 değirmenin bulunduğundan söz eder".

Konuyla ilgili, İslam Dünyasındaki Mucitler belgeselinde de (2009), şu ifadelere yer verilmiştir. "*.... Doğuluların bütün Antikçağ dünyası boyunca yayılmış ve son derece gelişkin teknolojileri olduğunu gösteren başka büyük su kaldıran makineleri de vardır. Tam otomatik bir cihazın en çok hayret uyandıran örneklerinden biri "Noria" olarak bilinen Antikçağ su çarkıdır ve birçoğu günümüze kadar dayanmıştır* (Şekil 55). *En iyi korunmuş örnekleri Suriye Hama'da bulunmaktadır. Noria; İ.Ö. 1. yüzyılda yazan Romalı mühendis Vitrivius tarafından su kaldıran büyük makine olarak tarif edilmiştir.*

Şekil 55. Noria (İslam Dünyasındaki Mucitler Belgeseli, 2009)

Prof. Andrew Wilson; " Norianın iyi tarafı kendi başına çalınmasıdır, otomatiktir. Size işinizi yapmak için doğal güçleri kullanır". Bu enerji deposunun dakikada 95 litre suyu kaldırdığı hesap edilmiştir. Bu şaşırtıcı makineler Antikçağ yaşamının ayrılmaz parçası olmuş ilk Norialara büyülenmiş şekilde bakmamızı sağlar.

Prof. Andrew Wilson; "O çemberin üzerinde bölmeleri veya kovaları ve çemberin dışında kürekleri olan ve suyla çalışan çarktır. Çark altından akan suyla çalışır ve çark döndükçe bölmeler suyun altında kalır, su ön kenardaki delikten içeri girer, bölmeler çarkın tepesine taşınır ve su çarkın tepesine yakın bir tekneye veya leğene boşalır. En büyük çarkın çapı yaklaşık olarak 22 metredir ve çemberin 120 bölmesi vardır".

El-Cezeri'nin şaşırtıcı tasarımları ve Doğunun büyük su çarklarının günümüze kadar dayanan güzel örnekleri Antikçağ dünyasında ki teknolojinin gelişmişliğinin heyecan veren arkeolojik kanıtlarıdır. Ancak Doğu dünyasında öylesine gelişkin başka mekanik cihazlarda vardır ki akademisyenler bu cihazların 21. yüzyıl teknolojisi ile yapılmamış olmasına inanamamaktadırlar".

e-) Yel Değirmenleri

"Su tekerleklerinin paralelinde, hemen hemen aynı amaca yönelik olan bir araç grubu da yel değirmenleridir. Verilen bilgilere göre, yel değirmenlerinin vatanı Sicistân'dır. Bunlar su değirmenleri gibi hem hububatı öğütmekte, hem de kuyulardan suyu yukarı çıkarmakta kullanılır. Sicistanlılar hava akımlarına ilişkin bilgi sahibiydiler ve bunları uygulayarak yel değirmenlerini icat ettiler. Mes'ûdî ve El-İstakri'nin yapıtlarında, bunlardan bilinen şeyler gibi söz edilir. Batı'da bunlardan söz ediliş 1105 dolaylarına rastlar".

Şimdi de konuyla ilgili El-Cezeri'nin çalışmalarına kısaca değinelim. Bu çalışmalarla ilgili El-Cezeri'nin kitabının İngilizce çevirisinin (Hill 1974) önsözünde Lynn White "…. *Oysa hububatı öğütmek için su gücünden yararlanıyorlardı. Sicistan'da ilk defa uygulama yoluyla yel değirmenini icat eden İslâmlar, neden onu daha geniş alanlara yaymakta başarısız oldular ?* " ifadesini kullanmaktadır.

El-Cezeri'nin konuyla ilgili çalışmaları için İslam Dünyasındaki Mucitler belgeselinde (2009), ise şu ifadeler kullanılmıştır. *".... Doğunun makineleri; Antikite boyunca kaydedilen teknolojik gelişmelerle inşa edildiler ve geliştirildiler. Antik çağ dünyasında Yunan ve Romalı mühendisler mekanik mühendisliğinde dikkat çeken yenilikler yarattılar. İskenderiyeli Heron ve Bizanslı Philon gibi mucitler bin yıl sonraki Doğulu büyük beyinlerin çalışmalarında etkili oldular. Şimdi Antik Doğu'nun el yazmalarını, tercüme eden akademisyenler bizim modern makineleri icat etmediğimizi, onları sadece yeniden keşfettiğimizi gösteren şaşırtıcı kanıtlar bulmaya başladılar. Öğrendiğimiz şeyler Antikçağ Dünyasının mekanik mühendisliğindeki gelişmişliği ve Leonardo Da Vinci gibi mucitlerin çalışmaları hakkında tekrar düşünmemize neden oluyorlar.*

Ortaçağ Tarihçisi Dr. David Nicolle; "Şundan oldukça eminim ki eğer İslam Uygarlığı kurulmamış olsaydı modern dünyamız çok farklı bir şekilde gelişirdi". Şimdi Doğudan bir mucidin teknolojiyi ebediyen değiştirmiş olduğunu biliyoruz. El-Cezeri'nin su kaldıran makinesi için son tasarımı tarihte ilk kez görülen şaşırtıcı bir mekanizmayı içermektedir".

Makal (2007), El-Cezeri'nin su çıkarmak maksadıyla kullandığı bu tip icatları için *".... Su çıkarma makineleri; ekonomik yönden daha önemli olmakla beraber kitapta bunlara saatler kadar önem verilmemiştir"* ifadelerini kullanmıştır.

4.1. Kolu Döndüren Bir Hayvan Yardımıyla Bir Gölden Su Yukarı Çıkaran Araç

"Şekil 56'da görüldüğü gibi kuyunun veya gölün içine sağlam iki ayak (k, l) tespit edilir. Bu ayaklar arasına bir eksen yerleştirilir. Bu eksen üzerine y dolabıyla yaklaşık 30 Bağdadi ratl'ı suyu alabilecek kapasitedeki bir kepçenin sapı tespit edilir. Kepçe yukarı kaldırılıp sapı yatay konuma gelirse, kepçe içindeki su kanala boşalır, oradan da sulama kanalına akar.

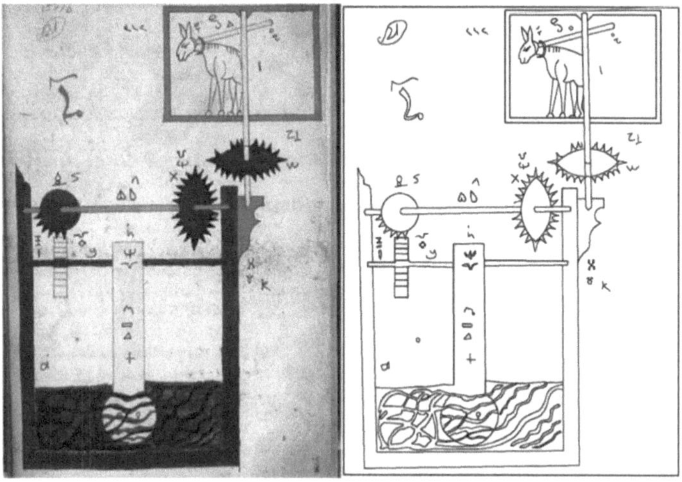

Şekil 56. Kolu Döndüren Bir Hayvan Yardımıyla Bir Gölden Su Yukarı Çıkaran Araç

(Türkçe Çeviri, 2002)

Bu eksenin biraz daha üstünde, çeyrek kısmı dişli bir tekerleği taşıyan bir eksen daha vardır. Bu tekerleğin dişlilerinin arası, dolap üzerine yerleştirilmiş çapraz tahtalar arasına girebilecek genişliktedir. Bu eksenin öbür ucunda bir başka dişli daha vardır. Bu dişlinin dişlileri de, dikey bir eksen üzerine tespit edilmiş X dişlisinin dişleri arasına girer. Bu dikey eksen üzerine, dişliye paralel bir kol tespit edilir. Bu kolun ucuna bir hayvan bağlanır. Bu konumda hayvan kolu döndürdüğünde, X dişlisini, X dişlisinin de çeyrek dişli tekerleği ve y dolabını döndüreceği, bu dönüş sırasında çeyrek dişli tekerleğin dişleri dolabın tahtaları arasına girince ekseni döndüreceği ve onunla birlikte su içindeki kepçeyi kaldırıp sapını yatay konuma getireceği, suyun kepçenin sapından sulama kanalına akacağı açıktır. Çeyrek dolanım tamamlanınca tekerleğin dişleri dolabın tahtaları arasından ayrılacak ve kepçe ağırlığı nedeniyle aşağıya düşecek ve suyun içine batacaktır. Üç çeyrek dolanımdan sonra tekerleğin dişleri tekrar dolabın tahtaları arasına girerek kepçeyi kaldıracaktır".

4.2. Bir Gölden Veya Bir Kuyudan Suyu Yukarı Çıkaran Araç

"Bir önceki araçta 3/4 dolanım boşa harcanmaktadır. El-Cezeri bunu ortadan kaldırmak için bu modeli Şekil 57'de görüldüğü gibi üç kepçe eklemekle aracı daha verimli bir hale getirmiştir. Bir kepçe daha eklenirse yarım dolanım, iki kepçe daha eklenirse yalnızca çeyrek dolanım boş geçer. Üç kepçe eklendiğinde ise hiç boş dolanım kalmaz".

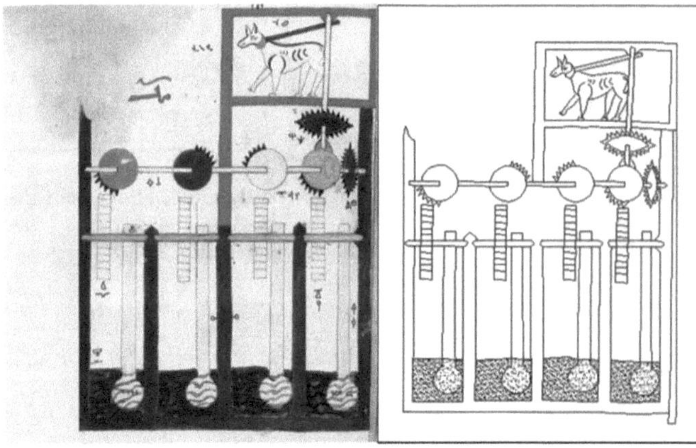

Şekil 57. Bir Gölden Veya Bir Kuyudan Suyu Yukarı Çıkaran Araç

(Türkçe Çeviri, 2002)

4.3. Hayvan Gücünden Yararlanarak Kuyudan Suyu Yukarı Çıkaran Araç

İslam Dünyasındaki Mucitler belgeselinde (2009), El-Cezeri'nin bu çalışması için şu ifadeler kullanılmıştır. *".... El-Cezeri'nin şehri yeryüzündeki en sıcak yerlerden biriydi ve usta mucit bölgedeki yaşamın devam edebilmesi için suyun öneminin kesinlikle farkındaydı. Bütün dikkatini bir dizi inanılmaz makineyi yaratmaya verdi. Her biri toplumun bu kurak topraklarda sadece hayatta kalmasını değil gelişmesini de sağlayacak makinelerdi. El-Cezeri'nin mekanik teknolojisinin gelişimine yaptığı en büyük katkı su kaldırma makineleri için yaptığı tasarımlardır. Şaşırtıcı olan şey şudur ki O'nun makinelerinin birçoğu günümüz modern cihazlarının prensiplerine tamamen uymaktadır.*

Dr. Sonja Brentjes; " Eski standart teknolojiyi alarak onu sulama için suyu kaldırmak amacıyla kullanmaya çalıştı ve bu teknolojiyi geliştirmeyi denedi".

Daha önce suyu kaldırmak için kullanılan Şadut gibi aletler genelde insan veya hayvan gücüyle çalıştırılıyorlardı. Ama El-Cezeri'nin dehası mekanizmayı çalıştırmak için suyun kendi gücünü kullanan tamamen otomatik kaldırma makineleri tasarlayarak hayvan ve insan gücüne olan ihtiyacı ortadan kaldırdı. En ilginç olan makinelerden biri 3 numaralı su kaldıran makine olarak bilineniydi (Şekil 58). *Şimdiye kadar bu karmaşık makine basitçe El Cezeri'nin gerçekleşmemiş olan fikirlerinden biri ve sadece el yazmalarındaki bir konsept olarak düşünülüyordu.*

Ama şaşırtıcı bir şekilde Suriye Şam'da yeni yapılan bir keşif sırasında Yezid Irmağında bulunan bir su çarkının kalıntıları onun aslında

El-Cezeri'nin tasarımına dayandığını göstermekte ve bize O'nun dehasının büyüleyici ışıltısını sunmaktadır.

13. yüzyılda yapılan su çarkı yerel topluma 7 yüzyıla aşkın süre boyunca hizmet etti. İnanılmaz bir şekilde yerel hastaneye 1970'li yıllara kadar su taşıdı. Makine tasarımı ve yapımı konu olduğunda bir anıttır.

El-Cezeri her zaman geri dönen ve tasarımlarını geliştiren bir adamdı. Bu hayret uyandıracak derecede karmaşık olan örnek, El-Cezeri'nin su kaldırma makinesi için 3. tasarımına dayanmaktadır ve bütün çalışmalarında ortak olan karmaşık bir vites sistemi kullanmaktadır.

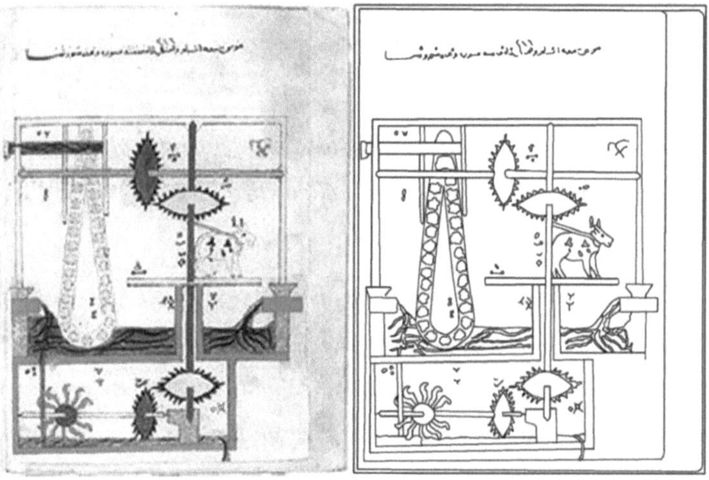

Şekil 58. Hayvan Gücünden Yararlanarak Kuyudan Suyu Yukarı Çıkaran Araç

(Türkçe Çeviri, 2002)

M. Maan Baradai; (Model Yapımcı) *'El-Cezeri kitabında bu kaldırma makinesini kepçeler aracılığıyla çalışacak şekilde tasarlandığını söylemektedir. Yani su belli bir yükseklikten kepçelere dökülür ve dönmelerine neden olur. Bu da karşılık olarak su taşıyan kovaları hareket*

ettiren dişlileri ve milleri döndürür. Bu cihaz da aynı mühendislik prensiplerine sahiptir (Şam'daki su çarkını kastediyor) *ama suyun dökülmesi yerine Yezid Irmağında yatay su gücü olarak çalışır'.*

Al-Hassani; 'Bir su çarkı suyu yukarı kaldırmak için vitesleri, dişlileri ve milleri çalıştıran dönmeye neden olan yatay tahtalarla hareket ettirilir. Su 13 metre yüksekliği olan bir kuleye kadar kaldırılıyordu. Burda yukarda sağlam kalmış olan üç ahşap parça var (Şam'daki su çarkının günümüzde kalan parçalarını kastediyor). *Yatay bir dişli çark, dikey bir dişli çarka bağlıdır ki bu da hareketi bir dizi zincir ve kovanın yerleştirildiği bir palangaya transfer eder'.*

Kovalar suyu ırmaktan kulenin tepesine taşırlar ve su burdan bir suyoluna boşaltılarak hastaneye kadar akar.

Son derece iyi şekilde korunmuş olan bu cihaz Antikçağ dünyasında vatandaşların yaşam kalitesini arttırmak amacıyla teknoloji kullanımının muhteşem bir örneğidir".

4.4. Bir Gölden Suyu Yukarı Çıkaran Araç

"Bu bölümde El-Cezeri yine bir kuyu veya gölden, hayvan gücünden yararlanılarak ve dişliler yardımıyla suyu yukarı çıkarmakta kullanılan bir aracın tasvirini verir. Bu aracın diğer ikisinden farkı, denge prensibinden yararlanılarak kepçenin yukarı kaldırılmasının sağlanmasıdır".

İslam Dünyasındaki Mucitler belgeselinde (2009), El-Cezeri'nin bu çalışması için şu ifadeler kullanılmıştır. "*.... Ancak teknolojiyi bir adım daha evrimleştirecek ve mekanik mühendisliğini ebediyen değiştirecek olan şey, El-Cezeri'nin 4. Makinesi için yaptığı tasarımında bulunmaktadır* (Şekil 59).

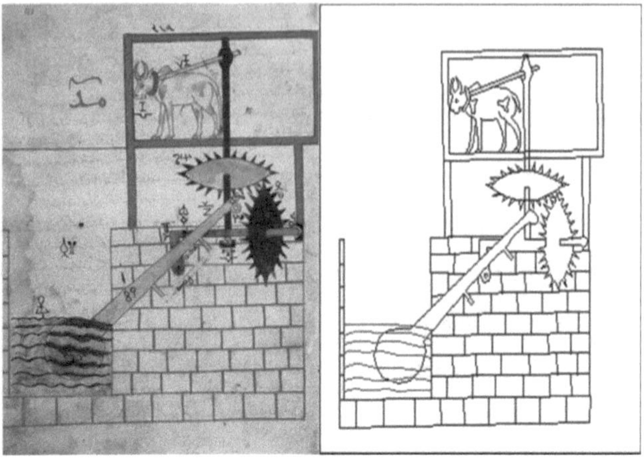

Şekil 59. Bir gölden suyu yukarı çıkaran araç (Türkçe Çeviri, 2002)

O da bir krank sistemi kullanır. Bu çalışan bir makinede bu teknolojinin bilinen ilk kullanımıdır. Krank, günümüz mühendisleri tarafından tekerlekten sonraki en önemli mekanik cihaz olarak tanımlanmaktadır. Bu icadı bu kadar önemli kılan şey 5 yüzyıl sonra onun modern çağlara doğru yol gösteren tamamlayıcı bir parça rolü oynamasıdır.

Prof. Salim Al-Hassani "Krankın kullanımı ve onun mil dediğimiz bir şeye bağlanması, makineler ve buharlı motorlar da, dizel motorlar ve benzinli motorlar gibi motorlar da bir devrim yarattı".

Bu basit mekanik parça devamlı dönme hareketinin, karşılıklı dönme hareketine dönüşmesini sağlamaktadır. Elle çalışan kranklar yüzyıllardır bilinmektedirler. Ama krank bağlantılı rot sisteminin dönen bir makineyle birleştirilmesi inanılmaz bir icattı. El-Cezeri'nin tasarımını inceleyen modern mühendisler makinenin yatay dingilinin vitesler tarafından döndürüldüğünü ve krankın ucunun menteşeyle bağlı bağlantı çubuğunun içinde kaydığını ve menteşesi etrafında gidip gelerek su kovasını yükseltip alçalttığını keşfettiler. Modern mühendisler El-Cezeri'nin tasarımının şifresini çözene kadar bu sistemin 15. yüzyıl bir Avrupa icadı olduğuna inanılıyordu. Ama şaşırtıcı bir şekilde El-Cezeri kranklı bu cihazı 2 yüzyıl önce makinesinde kullanıyordu".

4.5. Bir Tekerlek Aracılığı İle Akan Bir Sudan Suyu 20 Zira' Yukarı Kaldıran Bir Araç

Konuyla ilgili İslam Dünyasındaki Mucitler belgeselinde (2009), El-Cezeri'den önce bu konuda çalışmalar yapan Ctesibius'un su pompasından bahsedilir ve bu pompa ile ilgili şu ifadelere yer verilmiştir. *"Birçok insan iki zamanlı emme pompası olarak bilinen aletin 20. yüzyılda icat edildiğine inanmaktadır. Aslında bu 7 yüzyıla aşkın bir süre öncesine dayanmaktadır. El-Cezeri'nin esin kaynağı Antikçağda ki atalarıydı. İsa'dan önce 3. yüzyılda Mısır İskenderiye şehrinde çalışan Ctesibius emme pompasının prensiplerini geliştirmeye başladı.*

Yunanistan Selanik'teki teknoloji müzesinde günümüz mühendisleri Antikçağ metinlerini kullanarak Ctesibius'un pompasını yeniden yaptılar. İki bin yıllık bu tasarım inanılmaz bir şekilde bugün bile Kuzey Avrupa'nın tarlalarında çalışırken görülebilir.

Thessaloniki Teknology Museum'da çalışan Leonidas Gymnopoulos; "Burada Ctesibius'un su pompası vardır (Şekil 60). *Ona iki zamanlı su pompası denmektedir. Her birinin bir pistonu ve dibinde bir su vanası olan iki silindirden oluşur. Pistonlar buradaki kolların kullanımıyla hareket ettirilir. Her bir piston yukarı doğru hareket ederken silindirdeki havayı boşaltır ve havanın yerini su alır. Pistonlar aksi yönde hareket ederler ve su akımının devam etmesini sağlarlar. Bu antik çağlardan günümüze kadar su pompası olarak kullanılmaktadır. Ama şunu söyleyebiliriz ki bu iki zamanlı motor bugün kullandığımız motorun atasıdır. Çünkü eğer suyun yerine bir gaz veya hava karışımı kullanırsak aynı çalışma prensibine sahip oluruz".*

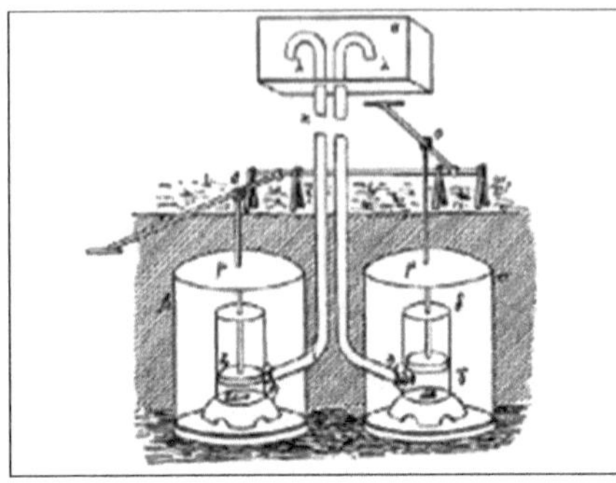

Şekil 60. Ctesibius'un Su Pompası

(http://www.history-science-technology.com/notes/notes2.html)

Belgeselde daha sonra El-Cezeri'nin Ctesibius'un tasarlamış olduğu su pompasını alıp geliştirdiğinden ve bunu kendi yaptığı cihazlarda kullandığından bahsedilerek, konu ile ilgili şu ifadelere yer verilmektedir. "*Bin yıl sonra El-Cezeri, Ctesibius'un tasarımını alacak ve onu geliştirerek yeni aşamalara taşıyacaktı* (Şekil 61). *Ctesibius'un makinesi suyu pompalayabilmek için insan gücüne bağlıyken, El-Cezeri tam otomatik bir pompa yaratmak için dâhiyane bir şekilde mekanik bilgisini kullandı. Bunun modern mühendisliğin gelişimine ve buharlı motordan beş yüzyıl önce kullanılan krank sistemi üzerinde direkt bir etkisi oldu".*

Belgeselde El-Cezeri'nin su pompasını kullanarak tasarladığı cihazıyla ilgili, Foundation for Science, Teknology and Civillization'dan Prof. Salim Al-Hassani şu ifadeleri kullanmaktadır. *"El-Cezeri'nin beş numaralı makinesine bakalım. O aslında iki zamanlı emme pompasıdır. Sağa ve sola hareket eden pistonları olan iki silindiri vardır".* Pompa *vitesler sistemi aracılığıyla işletilen bir su çarkı tarafından çalıştırılır. Bu sistem iki piston çubuğunun bağlandığı, salınım sağlayan oluklu bir çubuktur. Pistonlar yatay olarak birbirine ters olan silindirler içinde çalışırlar. Her birinde vanayla çalışan emme ve basma boruları vardır. Sulama sistemine bir tek çıkış sağlamak için basma boruları makinelerin merkezi üstünde birleştirilir".*

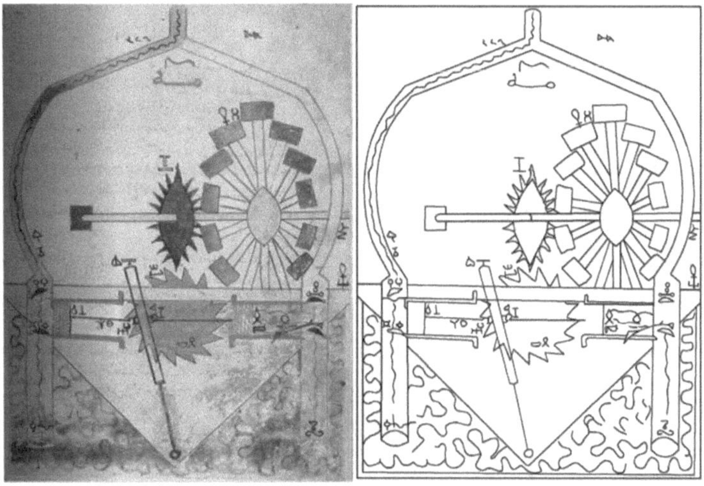

Şekil 61. Bir Tekerlek Aracılığı İle Akan Bir Sudan Suyu 20 Zira' Yukarı Kaldıran Bir Araç (Türkçe Çeviri, 2002)

5. Değişik ve Farklı Şeylerin Yapımı Üzerine Olan Çalışmalar

5.1. Amid Kentinde Kral Sarayı İçin Dökme Pirinçten Yapılmış Bir Kapı

El-Cezeri'nin bu eseri ve yapım tekniğiyle ilgili ilgili Unat (2002) şunları söylemektedir. "*El-Cezeri 'nin diğer bir önemi de Artuklu Sarayı'nın kapısını yapmış olmasıdır (Şekil 62). Bu kapı 18 karış, yani dört metre yüksekliğinde ve 6 karış, yani 1,5 metre eninde dökme pirinçten yapılmış iki kanatlı bir kapıdır. Kapının orta kısmı altıgen ve sekizgen yıldız motiflerinden oluşan kafes biçimindedir. Bu kafes, birbirlerine sarılmış yapraklarla süslenmiş kûfî yazısıyla çevrilmiştir. Tepede "Mülk, Tek ve Kadir-i Mutlak Olan Allah'ındır." diye yazılıdır. Bu yazı parlatılmış biri sarı diğeri kırmızı iki yaprakla süslenmiş pirinç bir bordürle çevrilmiştir. Kanadın üst kısmında pirinç bir levha ve onun üzerinde de dökme pirinçten, olağanüstü bir işçilik ürünü olan sağlam bir yağmurluk vardır. Kapının bütün çevresi süslenmiş bir pirinç şeritle çevrilmiştir. Kapama kısmı zarif bir sütun biçimindedir.*

El-Cezeri, ilk önce kafesi nasıl doldurduğunu anlatır. Altıgen yıldız, sekizgen yıldız, badem ve eyer biçiminde tahtadan dört tane kalıp kesilir; dört parmak uzunluğunda, başları yassı olmayan, üst kısımlarında bir hurma çekirdeği biçiminde fazlalıklar bulunan demir çiviler yapılır.

El-Cezeri, kapının her parçasının ayrıntılı olarak tasvirini vermediğini, geri kalanları sanatkârın el becerisine bıraktığını söyler; bu pirinç kapının masif bir kapı üzerine monte edildiğinden söz etmiş olmasa da, döküm sırasında kapının arkasında hazırladığı çivilerden, onun masif bir kapı üzerine çakılmış olduğu sonucunu çıkarmak kolaydır.

El-Cezeri, kapama sisteminin dökümünde son derece modern bir yöntem kullanmıştır. Mumdan, alt tarafı yassı, içi boş, boru şeklinde bir kalıp ve onun üst kısmında sonradan çivilerin sokulabileceği bir takım kabarıklıklar yapmıştır. Sonra bu kalıbın içini ve dışını kil ile kaplamış ve arada kalan mumu yakmıştır. El-Cezeri, bu işin ustalarının bu uygulamanın nasıl yapılacağını bildiklerini de ekler. Eriyen mumun yerini pirinç eriyiği ile doldurur.

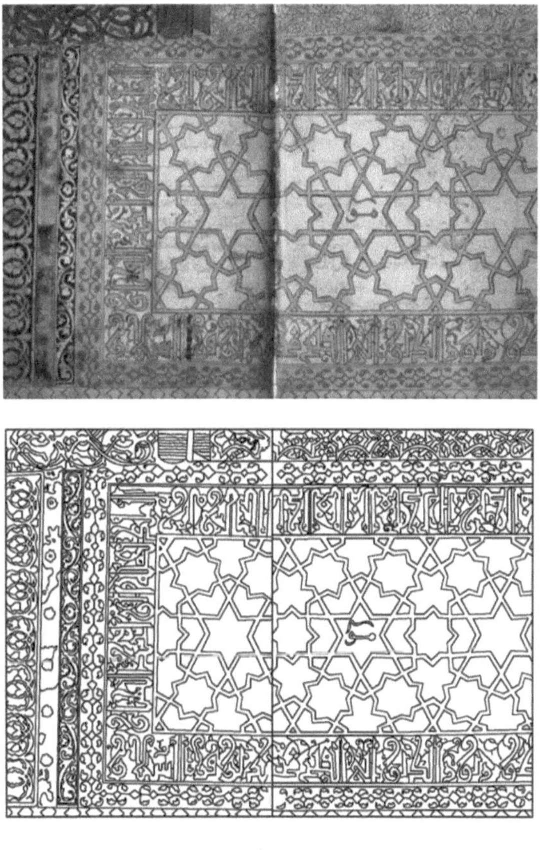

Şekil 62. Amid Kentinde Kral Sarayı İçin Dökme Pirinçten Yapılmış Bir Kapı

(Tıpkıbasım, 1990)

Modern dökme yönteminde, kalıbın oynamaması ve maden eriyiğinin homojen olması, yani içinde gaz kabarcıklarının kalmaması için, kalıbın üstü kum ile kapanır ve maden eriyiği bir taraftaki kanaldan kalıbın içine dökülür, diğer uç açık bırakılmak suretiyle gazların çıkması sağlanır. Yukarıda söz konusu edilen kapama sisteminin dökümünde, El-Cezeri'nin bu tekniği kullandığı ve dökme sanayinin bu dönemde çok gelişmiş olduğu görülmektedir. Lynn White (1962), bu konuya ilişkin olarak şunları söylemektedir: "Özellikle önemli olan nokta, 15. yüzyıla kadar Batı'da kullanılmamış olan yeşil kum ile kapalı dökme araçlarında madenlerin döküm tasvirlerinin ilk olarak verilmesidir"."

5. Sonuç ve Öneriler

Bu çalışma ile "El-Cezeri kimdir?" sorusuna cevap aranmıştır. Bunun yanı sıra bu çalışmada, bu dahi bilim insanının sibernetik, fizik ve su bilimleri başta olmak üzere bilime katkıları araştırılmış ve ortaya konmuştur. Konyalı, Akman, Bir, Şen, Unat, Tekeli, Dosay, Makal, Sezgin, Küçükaksu, Necipoğlu, Uzun, Temiz, Yaşin, Toprak ve ark. ile benzeri çok az sayıdaki yazarın dışında ulusal düzeyde El-Cezeri üzerine fazla çalışma yapılmadığı görülmektedir. Bu yüzden bu çalışmanın bir diğer amacı da ulusal düzeyde adeta kayıp sayılan (ulusal literatürde yeterince yer almamış veya yanlış olarak literatüre geçmiş) El-Cezeri'nin ulusal ve uluslararası literatürde hak ettiği yeri bulmasına bir nebze olsun katkı sunmaktır. Bu amaç doğrultusunda, bu çalışmada El-Cezeri'nin icat ettiği makine ve aletlere yer verilerek bunların ulusal ve uluslararası literatüre kazandırılmasına çalışılmış, böylece günümüz bilim ve teknoloji insanına yeni ufukların açılmasına gayret edilmiştir. Böylece konuya ilişkin bilim tarihi ve basılı referanslar ve bu referanslarda yer alan bazı bilgiler tartışmaya açılmış, en doğru bilgiler okuyucunun takdirine sunulmuştur.

Bu çalışmanın neticesinde aşağıdaki sonuçlar elde edilmiş ve bu doğrultuda bazı önerilerde bulunulmuştur:

- Çalışmada El-Cezeri olarak anılan dahi bilim insanının tam adı "Ebû'l-'İzz İsma'il b. er-Rezzâz El-Cezeri'dir.
- 1153 (H. 548) yılında Cizre'nin Tor (Dağkapı) mahallesinde doğmuş, 1233 (H. 630) yılında Cizre'de vefat etmiştir. Mezarı, Cizre'deki Nuh Peygamber Camiinin avlusunda bulunmaktadır.

- El-Cezeri Artuklular döneminde yaşamış, H. 577 (M. 1181)'den başlamak üzere 25 yıl Reis-ül amal (başmühendis) olarak, Diyarbekir (günümüz Diyarbakır) Sultanı El-Salîh Nâsîrüddîn Ebû'l Feth Mahmûd bin Muhammed bin Karaaslan bin Davud ibn Sukman bin Artuk'un (1201) ve daha önce de onun babası Nureddin Muhammed (1167) ve onun kardeşi Kutbeddin Sökmen'in (1185) hükümdar oldukları dönemlerde büyük hizmetlerde bulunmuştur.
- El-Cezeri lakabıyla şöhret bulmasının sebebi, Dicle ile Fırat arasında yer alan ve "ada" anlamına gelen Cezire şehrinde (bu günkü adı ile Cizre)'de doğmuş olmasıdır.
- 80 yıllık hayatının önemli bir kısmını Diyarbakır'da geçirmiş ve bilinen büyük buluşlarını ve yapıtlarını burada gerçekleştirmiştir.
- El-Cezeri, öğrenimini Camia'da tamamlamış, burada fizik ve sibernetik alanlarında yoğunlaşmış ve halen kullanılmakta olan ve aşılmamış onlarca buluşa imza atmıştır.
- El-Cezeri anadili Kürtçe dışında, Türkçe, Arapça, Farsça ve Latince biliyordu ve bu dilleri Cizre'de öğrenmiştir.
- Literatürde etnik köken olarak 1) Müslüman olması veya eserlerini Arapça yazmış olması nedeniyle "İslam Bilgini" veya "Arap Bilgini", 2) Diyarbakır'da Artuklular Beyliği döneminde yaşadığı için "Türk Bilgini", 3) Mezopotamya olarak bilinen ve çoğunlukla Kürtlerin yaşadığı bir coğrafyada doğduğu için de "Kürt Bilgini" olarak takdim edilmektedir.

Ancak bu çalışma neticesinde El Cezeri'nin, Kürt kökenli olduğu kanaatine varılmıştır.

- El-Cezeri; kitabından anlaşıldığı kadarıyla manevi yönü ağır basan, Allah'a (C.C.) ve Peygamber Efendimiz'e (S.A.V.) derin saygı ve sevgisi bulunan, elde ettiği nimetlerden dolayı şükür eden bir kişidir.
- El-Cezeri üzerine uluslararası düzeyde çok sayıda çalışma yapılmış ise de ulusal düzeyde çok az sayıda çalışmanın yapıldığı görülmektedir. El-Cezeri ile ilgili mevcut literatürde yer alan bilgilerin bir kısmı tekrar niteliğinde olup, sağlıklı sayılamayacak referanslardan oluşmaktadır. Birbirini yalanlayan bilgilere de bu referanslarda yer yer rastlanmaktadır.
- El-Cezeri, fizikçi, robot ve matris ustası olduğu için Sibernetik alanının en büyük dâhisi olarak kabul edilmektedir. Hatta Norbert Wiener ve Ross Ashby'den önce bu alanda çalıştığı için "Sibernetik biliminin asıl kurucusu" veya "Sibernetiğin İlk Babası" olarak anılmaktadır. Ancak mevcut ismi ve sistematiği ile Sibernetiği literatüre kazandıran Norbert Wiener olduğu için batı kaynaklarında sibernetiğin kurucusu olarak bu bilim adamı girmiştir.
- Dünya'nın ilk sibernetik bilgini olan El-Cezeri; otomasyon, elektronik sistem ve robotik çalışmaları ilk başlatan ve aynı zamanda fizikçi ve matris ustasıdır.
- El-Cezeri'nin Artuklu hükümdarına takdim ettiği otomatik olarak çalışan, hükümdarın eline su döken ve suyu döktükten

sonra diğer eliyle havlu uzatan aracın dünya tarihinin ilk robotu olduğu söylenebilir.

- Yaptığı makinelerin çoğunun su ile çalışması (Filli Su Saati gibi) ve/veya su temininde kullanılan aletler (günümüz ismi ile pompa) olması nedeniyle El-Cezeri'nin "Su Mühendisi" olarak da anılması uygun olacaktır.

- El-Cezeri çalışmalarını, emrinde çalıştığı Hükümdarın emriyle resimli ve anlatımlı olarak altı kategoriden oluşan bir kitap haline getirmiştir. "El-Câmi' Beyne'l 'İlm ve'l 'Amel En Nâfi' Fî Es-Sınaâ'ti'l Hiyel" adlı bu eseri bazı kaynaklarda "El-Cami' Beyne'l-'İlm Ve'l-'Amel En-Nafi' Fi Eş-Şınaa'ti'l-Hiyel" olarak yer almaktadır. Ancak buradaki "Eş Şınaa'til" "Es Sınaa'til" olacaktır. İsim Arapça olup, Türkçesi; "Olağanüstü Mekanik Araçların Bilgisi Hakkında Kitap"; İngilizce'si ise, "The Book of Knowledge of Ingenious Mechanical Devices" olarak yazılabilir.

- El-Cezeri'nin hava, boşluk ve denge prensiplerinin kullanıldığı ve ayrıntılı tasarımı verilen kitabı; 50 çizim ve 6 kısımdan oluşuyor. Kitabın ilk 4 kısmı 10'ar, son iki kısmı da 5'er bölümden meydana gelmektedir. Bunlardan 6'sı su saati, 4'ü mumlu saat, 6'sı ibrik, 7'si eğlence amaçlı kullanılan çeşitli otomatlar, 3'ü abdest almak için kullanılan otomat, 4'ü kan alma teknesi, 6'sı fıskiye, 4'ü kendinden ses çıkaran araç, 5'i suyu yukarı çıkartan araç, 2'si kilit, 1'i açıölçer, 1'i kayık su saati ve diğeri ise Artuklu sarayının kapısı'dır.

- El-Cezeri üzerine yapılmış en önemli çalışma, İngilizce çevirisi ve açıklamalarıyla birlikte Oxford yazmasını temel alarak Donald Hill tarafından gerçekleştirilmiştir (The Book of Knowledge of Ingenious Mechanical Devices, Hill 1974).
- El-Cezeri'yi batı dünyasına ilk tanıtan Prof. E. Wiedemann ve talebesi F. Hauser olmuştur. Wiedmann El-Cezeri'nin eserini inceleyerek Almanca'ya çevirmiştir.
- El-Cezeri'yi ilk tanıtan yabancı bilim adamları arasında Eilhard Wiedemann, Fritz Hauser, Carra de Vaux, Coomaraswamy, George Sarton, Winter, Joseph Needham, Lynn White, Drachmann ve Hill sayılmaktadır.
- Kültür Bakanlığı 1990 yılında, El-Cezeri'nin eserinin özellikle resimleri açısından en mükemmel ve en eski nüshasının tıpkıbasımını hazırlamıştır. Tıpkıbasımı yapılan bu yazma, Topkapı Sarayı kütüphanesinde 3472 numarada kayıtlıdır. Sonundaki iki paragrafta, bu nüshanın müellif nüshasından kopya edilen nüshadan 602 yılında (M.1206) kopya edildiği, müstensihin Muhammed Yusuf ibn Osman el-Haskefî olduğu yazılmıştır.
- El-Cezeri'nin bahse konu bu eseri, 2002 yılında Sevim Tekeli, Melek Dosay Gökdoğan ve Yavuz Unat tarafından Türkçeye çevrilmiş ve Türk Tarih Kurumu tarafından kitabın basımı yapılmıştır.
- Eserin, El-Cezeri tarafından yazılan 1205 tarihli orijinal yazılımı bulunmamakla beraber dünyada toplam 15 adet el

yazması kopyası bulunmaktadır ve bunlardan 5 tanesi Türkiye'dedir.

- El-Cezeri; Türkiye'de ilk kez İbrahim Hakkı KONYALI tarafından literatüre kazandırılmıştır.
- El-Cezeri Türkiye'de; İbrahim Hakkı Konyalı, Toygar Akman, Atilla Bir, Kâzım Çeçen, Abdülhakim Koçin, Zeki Tez, Mahmut Kayral, Sevim Tekeli, Melek Dosay Gökdoğan, Yavuz Unat, Oğuz Makal, Leman Dinçtürk, Abdullah Yaşın, Zekai Şen, Z. Fuat Toprak ve Yusuf Korkutata'nın yaptığı çalışmalarla tanınmıştır.
- Kapı tokmakları ejder figürlü olan Cizre Ulucami kapısı ile Diyarbakır Ulu Camii avlusunda bulunan ünlü Güneş Saati El-Cezeri 'nin eseridir.
- Yatay eksenli makinelerin rüzgâr gücü ile kullanılması ilk olarak El-Cezeri tarafından su kaldırma cihazında kullanılmış ve bu cihazda sadece rüzgâr gücünden faydalanılmamış, günümüzdeki silindir, piston ve sübap parçaları da bir arada kullanılmıştır.
- İlk modern dikey eksenli rüzgâr türbini, El-Cezeri tarafından geliştirilmiştir.
- İlk hassas kefeyi, El-Cezeri yapmıştır ve bunu "güneş saatlerinin geçişini bildiren davulcu su saati" adlı çalışmasında kullanmıştır.
- Eğer El-Cezeri'nin ilettiği bilgilere yeteri kadar ilgi gösterilmiş ve 800 yıldan beri O'nun üzerinde gerekli çalışmalar yapılmış olsaydı, hiç kuşku yok ki, bugün

"Elektronik, Bilgisayar Teknolojisi ve Otomasyon Sisteminde", çağımızın en büyük bilimsel gelişmelerinin öncüsü, bizler olacaktık.

- Bugün El-Cezeri; İslam Dünyasının Leonardo Da Vinci'si olarak anılmaktadır. Ancak belki de kendisine ve çalışmalarına zamanında sahip çıkılabilseydi, kendisinden üç yüzyıl sonra yaşamış olan Leonardo Da Vinci bugün Batı Dünyasının El-Cezeri'si olarak anılabilirdi.
- El-Cezeri'den önce Ctesibius, Heron, Philon, Archimedes, Beni Musa Kardeşler, Harezmi, Rıdvan gibi bilim adamları bir çok çalışma yapmış ve El-Cezeri bunların çalışmalarından faydalanıp, bunları geliştirmiştir.
- Batı, El Cezeri'nin çizimlerini ve o dönem yaptıklarını ancak sanayi devriminde hayata geçirebilmiştir. Mekaniği doruk noktasına çıkaran Alman sanayisinin arkasında El Cezeri'nin çizimlerinin kopya edilerek Almanya'ya götürülmesinin yattığı söylenebilir.
- El-Cezeri, kitabında da ifade ettiği gibi, kendisinden önce, o zamana kadar Dünya'da yapılmış ve literatüre geçmiş olan çalışmalara eleştirel bir anlayışla yaklaşarak incelemiş, bir kısmını geliştirmiş ve bir kısmını da ret etmiştir.
- El-Cezeri'nin yaşadığı ve buluşlarını gerçekleştirdiği bölgede ulusal ve/veya uluslararası etkinliklerin (anma veya akademik) düzenlenmesi, adına üniversite, araştırma merkezi, müze, eserlerinden oluşan sergiler v.b. açılması, sokak, park, bulvar veya caddelere isminin verilmesi (Cizre'de cami, okul, müze,

kütüphane, sokak, sağlık ocağı gibi yerlere O'nun ismi verilmiştir), O'nun hayatını ve çalışmalarını anlatan belgesel film, sinema veya çizgi filmlerin çekilmesi, otomatik makinelerinden birinin prototipinin çalışır biçimde bir anıt olarak yapılması (tıpkı Bern'deki saat kulesinde olduğu gibi) O'nun nesiller boyu tanınmasına katkı sağlayacaktır.

- Özel olarak buluşlarının büyük çoğunluğunu gerçekleştirdiği Diyarbakır ilimizde en kısa zamanda "İsmail Ebulîz El-Cezeri Teknik Üniversitesi"nin kurulmasında yarar görülmektedir.
- El-Cezeri, regülatörü başka bir biçimde ve bir kuşun hareketi ile karşılıklı haberleşerek ayarlamış ve böylelikle "Isı İle İletilen Bilgilerle Haberleşme, Kontrol ve Ayarlama Yapabilme" sistemini ilk kez bulmuştur.
- El-Cezeri, "Otomatik çalışan sistemler üstünde bunları otomatik olarak kontrol eden denge durumu sistemlerini" kurmayı başarmış ve bu sistemleri çalıştırmıştır.
- İlk olarak tam ve her parçası ile çalışır bir saat, El-Cezeri tarafından yapılmıştır.
- Düşünce ve bilim tarihinde önceki çalışmalara atıf yolu ile saygı gösterilmesinin en güzel örneği ilk defa El-Cezeri'nin çalışmasında görülmektedir.
- Bütün bilgi birikimine rağmen El-Cezeri'nin çalışmalarına şüphe ile baktığı ve bu nedenle 16. yüzyıl düşünürlerinden Rene Descartes'in belirttiği şüphe etme duygusuna O'ndan 400 sene evvelinden sahip olduğu El-Cezeri'nin çalışmalarında görülmektedir.

- El-Cezeri, yaptığı çalışmaların teoride kalmadan insanlara fayda sağlayacak bir biçimde, cihazlar aracılığıyla kullanılmasını ve teknolojiye dönüştürülmesini arzu etmiştir.
- İlk defa El-Cezeri tarafından çizilmiş birtakım robotik mekanik cihazlarda yer alan (devrilen tip) kovalar bugün için bile hâlâ kullanılmaktadır.
- El-Cezeri "teorik çalışmalar" yerine "ampirik çalışmalar" yapmıştır. Böylelikle İslâm düşünce sisteminde ilk filizlerini veren ampirik (deney, tecrübe) çalışmalar El-Cezeri tarafından kullanılmıştır.
- El-Cezeri tasarlamış olduğu cihazların önce kâğıttan maketlerini yapmış, bugün de bilinen geometrik benzerlik kurallarından da istifade ile kafasında canlandırdığı makineye daha sonra nihai şeklini vermiştir.
- Aşınmaları önlemek için yağ içirilmiş ahşap şaftların yapılmasını da El-Cezeri bulmuş ve geliştirmiştir.
- Büyük bir kısmı bugün Avrupa mühendislik terminolojisine giren makine parçaları üzerine yaptığı çalışmaların en önemlileri konik vanalar, kapalı kum kutularında pirinç, bakır döküm ve tekerleklerin balansıdır.
- El-Cezeri'nin mühendislik harikaları; su akıtan savakların ayar edilmesi, çarpmayı en aza indirmek için ahşabın tabakalar halinde kullanılması, gerçek anlamda emme borusunun kullanılması, suyunu belli bir zaman aralığıyla boşaltan kaplar ve daire sektörü dişlidir.

- El-Cezeri'nin kitabında; her aletin şekli renkli mürekkeplerle çizilmiş ve çalışması ayrıntılı olarak açıklanmıştır. Bu ayrıntılar da çeşitli renklerle gösterilmiştir. Ayrıca şekillerde Arap harfleri kullanılarak bazı parçalar işaretlenmiş ve metinde bunlara göndermeler yapılarak açıklamaların anlaşılması kolaylaştırılmıştır. Bazı nüshalarda ise bu harflerin ebcet değerleri göz önüne alınmış, bazılarında da henüz açıklanamayan gizli bir harf sistemi kullanılmıştır. Metinde aletlerin imal sırasına göre parçaları tek tek anlatılarak montaj usulüyle açıklanmış ve son olarak o aletin çalışması hakkında bilgi verilmiştir.
- El-Cezeri'nin çalışmaları o kadar önemliydi ki eğer O'nun tarifleri olmasaydı bugün Doğu teknolojisinin 500 yıllık gelişimi kaybolacaktı.
- El-Cezeri'nin otomasyon evrim tarihindeki yeri; kendinden öncekiler yalnızca kendiliğinden çalışan otomatik sistemler kurduğu halde, O'nun kendi kendine çalışırken kendi kendine dengeler kuran ve ayarlamalar yapan sistemler kurabilmiş olmasıdır.
- El-Cezeri'nin dehası, su kaldırma makinelerinde mekanizmayı çalıştırmak için suyun kendi gücünü kullanan tamamen otomatik kaldırma makineleri tasarlayarak hayvan ve insan gücüne olan ihtiyacı ortadan kaldırdı.
- Günümüzde bütün motorlu vasıtalarda bulunan "krank sistemini" Leonardo da Vinci'den önce ilk kez El-Cezeri

kullanır ve bu çalışan bir makinede bu teknolojinin bilinen ilk kullanımıdır.

- 16. asır başında ilk kullanıma giren buhar makineleri ile 19. asır sonlarında ilk kullanıma giren pistonlu motor krank-biyel ve piston-silindir cihazlar ilk kez El-Cezeri tarafından tasarlanıp yapılmıştır.

- El-Cezeri iki zamanlı emme pompası olarak bilinen aleti icat etmiştir. El-Cezeri, Ctesibius'un bugün kullandığımız motorun atası olan su pompasını almış ve onu geliştirerek yeni aşamalara taşımıştır. Ctesibius'un makinesi suyu pompalayabilmek için insan gücüne bağlıyken, El-Cezerinin ki tam otomatik bir pompadır. Bunun modern mühendisliğin gelişimine ve buharlı motordan beş yüzyıl önce kullanılan krank sistemi üzerinde direkt bir etkisi olmuştur.

- Konik vanaların ilk defa Leonardo da Vinci tarafından 16. yüzyılda kullanıldığı söylense de, ilk kez El-Cezeri tarafından yapılıp kullanılmıştır ve bu teknik günümüz bulaşık makinelerinden, jet motorlarına kadar her şeydeki mekanizmaları kontrol etmek için kullanılır.

- El-Cezeri geçen zamanı kesin olarak ölçebilmek için mum kullanan bir cihazı (mumlu saat) yapmıştır. Bu cihazda "L" şeklinde bir tür klips sistemi kullanmıştır. Aslında bu günümüzde elektrikli lambalarda bulunan ve Bayonet bağlantısı denen şeyle nerdeyse tamamen aynıdır.

6. Kaynaklar

Akman, T. Aralık 1973. Cumhuriyetimiz 50. Yaşına Girerken "Sibernetik" ve "Elektronik" te Gelişmeler. Bilim ve Teknik, 73, s. 16.

Akman, T. Nisan 1974. Sekiz Yüzyıl Önce Otomatik Makine Yapan Türk Bilgini Eb-Ül-İz. Bilim ve Teknik, 77, s. 1-6.

Akman, T. Haziran 1976. İlk Türk Sibernetik Bilgini Eb-Ül-İz. Bilim ve Teknik, 103, s. 1-4.

Akman, T. 24 Kasım 1976. Geleceğin Bilim Adamları ve Eb-Ül-İz. Tübitak Konuşması, Türkiye.

Al-Jazarí, 1973. The Book of Knowledge of Ingenious Mechanical Devices: Kitáb fí ma'rifat al-hiyal al-handasiyya. Springer.

Altan, M. İslamın Leonardosu. 2010. Erişim : [http://www.mehmetaltan.com/?sayfa=sureli

yayin&icerik=1604]. Erişim Tarihi: 05.10.2016

Altan, M. 2010. Cizre'de Kent Dindarları, Cizre'de Papazlar. Erişim: [http://www.mehmet

altan.com/?sayfa=sureliyayin&icerik=13331]. Erişim Tarihi: 05.10.2016

Bedirhanoğlu, İ. 15 Aralık 2013. Bediüzzaman İsmail Ebu-l İz El Cizîrî. HaberFx Ulusal Haber Sitesi.

Bedi üz-Zaman Ebû'l-İz İsmail b. ar –Razzaz el CEZERÎ, 1990. Olağanüstü Mekanik Araçların Bilgisi Hakkında Kitap. Kültür Bakanlığı Yayınları/1207, Bilim ve Teknoloji Dizisi / 2.

Bilim ve Ütopya. Ocak 2002 Sayısı. [http://urun.gittigidiyor.com/kitap-dergi/bilim-ve-utopya-dergisi-ocak-2002-sayi-91-92484967]. Erişim Tarihi: 08.04.2016

Bir, A. 1977. Eb-ü-İz al Gazari'nin Otomatlar Kitabı. Bilim ve Teknik, 110, s. 1-3.

Bir, A. 1990. Kitab al-Hiyal' of Banu Musa Bin Shakir, Studies and Sources on the History of Science Series, No: 4, IRCICA, İstanbul.

Brunet, P., Aldo M. 1935. Historie Des Sciences Antiquité. Payot/Paris, s. 508-510.

Carra de Vaux, B. 1891. "Notice Sur Deux. Manuscrits Arabes", JS, 8° series,18.

Carra de Vaux, B. 1902. appareils pneumatiques et des machines hydrauliques par Philon de Byzance. édité d'aprés les versions arabes d'Oxford et de Constantinople et traduit en français, Notices et exraits des Mss., t. 38, 211p., Paris.

Carra de Vaux, B. 1921. Les penseurs De L'Islam, Cilt II, Paris.

Ceccarelli, M. 2007. Distinguished Figures in Mechanism and Machine Science: Their Contributions and Legacies. Springer, (1): 6.

Chang Heng'in sismografı. Erişim: [http://www.incois.gov.in/Tutor/science+society/ lectures/illustrations/lecture15/changheng.html]. Erişim Tarihi: 11.04.2016.

Coomaraswamy, A.K. 1924. The Treatise of al-Jazari on Automato. Museum of Fine Arts, Boston.

Ctesibius su pompası. [http://www.history-science-technology.com/notes/notes2.html] Erişim Tarihi: 22.03.2016

Demir E., 5 Kasım 2014. El-Cezerinin 850 Yıllık Robotları. Erişim: [http://el-cezeri1136.blogspot.com.tr/]. Erişim Tarihi: 11.04.2016

Descartes, R. 1947. Dıscours De La Methode (Metod Üzerine Konuşma), Çeviren: Mehmet Karasan, Ankara, Sa:66.

Dinçtürk, L. 2007. El-Cezeri Belgeseli Röportajı.

Diyarbakır Ulu Camii. Erişim : [http://tr.wikipedia.org/wiki/Diyarbakır_Ulu_Camii]. Erişim Tarihi: 06.05.2012

Drachmann, A.G. 1948. Ktesibios, Philon and Heron; A Study in Ancient Pneumatics. Acta Historica Scientiarum Naturalium et Medicinalium, 4, Copenhagen.

Driessen, P., Ness S., Trail, S., Schloss, A., Tzanetakis, G. 2011. Music Information Robotics: Coping Strategies For Musically Challenged Robots.

Ecnebi, K. 1979. el-Camî‘ beyn el-‘İlm ve'l-‘Amel en-Nafi' fî Şınâ'at el-Hiyel, Arabic text edited by Ahmad Y. al-Hasan, Institute for the History of Arabic Science, Aleppo.

El-Cezeri, İ. 1206. El-Câmi‘ Beyne’l-‘İlm ve’l-‘Amel En-Nâfi‘ Fî Es-Sınaâ‘ti’ül-Hiyel.Topkapı Sarayı Nüshası.

El-Cezeri Belgeseli. Makal, O. 2007. Erişim: [www.youtube.com]. Erişim Tarihi: 01.11.2014

El-Cezeri. Erişim : [http://tr.wikipedia.org/wiki/El-Cezeri]. Erişim Tarihi: 08.11.2014

El-Cezeri’nin Kitabının orjinali. [http://www.ebuliz.com/ebuliz22.swf]. Erişim Tarihi: 11.04.2016

El-Ceziri ve Filli Su Saati. Erişim: [http://www.topragizbiz.com/showthread.php/625-el-ceziri-ve-filli-su-saati]. Erişim Tarihi: 14.03.2016

El-Câmi' Beyne'l-'İlm Ve'l-'Amel En-Nâfi' Fî Eş-Şınaâ'ti'l-Hiyel, CEZERÎ. Erişim: [http://www.ttk.gov.tr/index.php?Page=Yayinlar&KitapNo=797]. Erişim Tarihi: 11.04.2016.

Ertem, C. 2012. Diyarbakır’da El Cezeri Teknoloji Üniversitesi Niye Yok? Erişim: [http://duzceyerelhaber.com/Cemil-ERTEM/8438-Diyarbakirda-El-Cezeri-Teknoloji-Universitesi-Niye-Yok]. Erişim Tarihi: 05.10.2016

Erzen, J.N. 2007. Islamic Aesthetics: An Alternative Way to Knowledge. Global Theories of the Arts and Aesthetics.

Gunawardena, H. 1996. Clocking On. Chicago.

Hayes, J. R. 1983. The Genius of Arab Civilization: Source of Renaissance. 2nd edition: 205.

Hill, D.R. 1974. The Book of Knowledge of Ingenious Mechanical Devices by Ibn al-Razzaz al-Jazari (İngilizce).

Hill, D. R. 1979. The Book of Ingenious Devices (Kitâb al-Hıyâl) by the Banu (sons of) Musa bin Shakir. Londra.

Hill, D.R. 1974. Olağanüstü Mekanik Araçların Bilgisi Hakkında Kitap. Tıpkı Basım, Kültür Bakanlığı Yayınları 1207, Bilim ve Teknoloji Dizisi 2, Ankara 1990.

Hills RL. May 1991. Mechanical engineering in the medieval near East. Sci Amer.

İslam Dünyasındaki Mucitler Belgeseli, 2009. Erişim: [http://www.belgesell.com/islam-dunyasindaki_mucitler.html]. Erişim Tarihi: 08.09.2012

Kemmerich M. 1968. Tarihte Garip Olaylar. Çeviren: Behçet Necatigil. İstanbul, Sa:12-13.

Konyalı, İ. H. 4 Ocak 1951. 8 Asır Evvel Türk Sarayları Makineleşmişti. Tarih Hazinesi, s. 187-190.

Konyalı, İ. H. Nisan 1969. 8 Asır Evvel Türk Sarayları Makineleşmişti. Kara-Amid, Tarih, Turizm, Edebiyat Dergisi. Diyarbakır, Cilt 1, Sa: 2.

Korkutata Y., Toprak Z.F. 2010. El Cezeri'nin Terazili, Sürekli Çalan Flütü. Bilimde Modern Yöntemler Sempozyumu, 14–16 Ekim 2010, Dicle Üniversitesi Kongre Merkezi, Diyarbakır.

Korkutata, Y. 2012. El-Cezeri'nin Hayatı ve Sürekli Çalan Flüt Adlı Çalışması. Yüksek Lisans Tezi, Dicle Üniversitesi Fen Bilimleri Enstitüsü, Diyarbakır.

Korkutata Y., Toprak Z.F. 2013. El-Cezeri İle İlgili Yapılan Çalışmaların Değerlendirilmesi. Dicle Üniversitesi Mühendislik Dergisi. Cilt:4, Sayı:1, 37-49.

Ktesibios. Erişim : [http://tr.wikipedia.org/wiki/Ktesibios]. Erişim Tarihi: 27.02.2016

Kumar, V. September 2010. 50 Years of Robotics. IEEE Robotics &Automation Magazine, (17): 56-65.

Kucukaksu, S. 2009.Wiley Periodicals. Artificial Organs 33 (8): 585–586.

Maddison F. R. , Turner A. J. 7 April-29 August 1976. Science and Technology in İslam. Exhibition at the Science Museum, London.

Moon, F.C. 2007. The Machines of Leonardo da Vinci and Franz Reuleaux, Springer.

Nature, 22 March 1974. Vol 248, No. 5446. Macmillan Journals Limited Sa: 286.

Necipoglu, G. 1995. The Topkapı Scroll: Geometry and Ornament in Islamic Architecture. Topkapı Palace Museum Library MS H. 1956. (Santa Monica: The Getty Center for the History of Art and the Humanities). s. 132 ve s. 363-380.

Needham, J., Ling W. ve Price, D. J. 1960. Heavenly Clock-Work. Cambridge. 100-112

Needham, J., Ling W. ve Price, D. J. 1960. Heavenly Clock-Work. Cambridge, s. 97 (dipnot 2), 185 (dipnot 2).

Needham, J., Ling W. ve Price, D. J. 1960, s. 41.

Needham, J. 1962-63. The Pre-Natal History of the Steam Engine. Transactions of the Newcomen Society, 35.

Norbert Wiener: Sibernetiğin Babası [elekritik.blogspot.com.tr/2011/05/norbert-wiener-sibernetigin-babas.html.]. Erişim Tarihi: 01.11.2014

Norbert Wiener. Erişim : [http://tr.wikipedia.org/wiki/Norbert_Wiener]. Erişim Tarihi: 15.10.2014

Price, D. J. S. 1964. Automata in History, Automata and the Origins of Mechanism andMechanistic Philosophy. Technology and Culture, 5 (1).

Riefstahl, R. M. 1929. The date and provenance of the Automata miniatures. The Art Bulletin XI, 206-215.

Research, C. 2011. Robotics, Part 1 – Where Are We Today? Editor: Hornig, D., *Casey's Extraordinary Technology*

Sahin, A. 2004. Progress and recent trends in wind energy. Progress in Energy and Combustion Science 30, 501–543.

Sarma, N. 2000. Diffusion of astronomy in the ancient World. Endeavour 24 (4).

Sarton, G. 1927. Introduction to the History of Science. Baltimore .

Sarton, G. 1950. "The Incubation of Western Culture in the Middle East: a George C. Keiser Foundation Lecture", Washington, D.C.

Sayılı, A. 1982. Mısırlılarda ve Mezopotamyalılarda Matematik, Astronomi ve Tıp.—3. bs.-- Ankara: Atatürk Kültür, Dil ve Tarih Yüksek Kurumu Atatürk Kültür Merkezi, 1991. (1. bs.—Ankara: Türk Tarih Kurumu, 1966), (2. bs.—Ankara: Türk Tarih Kurumu, 1982)

Schmidt, W. 1899. Liber Philonis de Ingeniis Spiritualibus. HeronisAlexandrini Opera, I:458-489, Leibzig .

Schmidt, W. 1899. Pneumatica et automata, Heronis Alexandrini opera quae supersunt omnia. Cilt I, Leipzig .

Sen, Z. 2000. Rüzgar türbini tarihi gelişme süreci. III. UTES. Istanbul, Turkey, 375–84.

Sen, Z. 2001.Water robotics during the twelft century and Abou-liz-al-Jazari case. International Water History AssociationConference. Bergen, Norway.

Sen, Z. 2002. Üç Türk-İslam Bilim ve Düşünce Adamı. İTÜ, Su Vakfı Yayınları.

Sezgin, F. Nisan 2008. İslam'da Bilim ve Teknik. Cilt V. İstanbul Büyükşehir Belediyesi Kültür A.Ş. Yayınları, İstanbul.

Sibernetik. Erişim : [http://tr.wikipedia.org/wiki/Sibernetik]. Erişim Tarihi: 15.10.2014

Smith, N. 1974. The Arabian Legacy. New Scientist, April 4, 1974 ISSN 0262-4079.

Stchoukine, I. 1934. Un manuscrit du traite d'al Jazari sur les automates, Gazette des Beaux-Arts, 134-140.

Su Song'un Su Saati Erişim : [https://en.wikipedia.org/wiki/Su_Song]. Erişim Tarihi: 05.10.2016

Takadoum, J. 1988. Materials and Surface Engineering in Tribology.

Tekeli, S., Dosay M., Unat Y. 2002. Cezeri, el-Câmi beyne'l-İlm ve'l-Amel en-Nâfi Fî Eş-Şınaâti'l-Hiyel. Türk Tarih Kurumu (Türkçe).

Tekeli, S. 2007. El-Cezeri Belgeseli Röportajı.

Temel Britannica ansiklopedisi, 10. Basım, Ana Yayıncılık, İstanbul, 1993; 15. Cilt, s. 190. ISBN 975-7760-02-01

Temirov, R., Tautz, S. October 1978. Giovanni de'Dondi and Guido da Vigevano: Notes Toward a Typology of Medieval Technological Writings. Annals of the New York Academy of Sciences, (314): 127-144. Toronto, Kanada.

Temiz, M. 2012. Ön Rönesans Döneminde Fizik ve Fen Bilimleri. Denizli.

Tez, Z. 2001. Bilim ve Teknikte Ortaçağ Müslümanları. Ankara.

The Book of Knowledge of Ingenious Mechanical Devices: (Kitab fi ma 'rifat al-hiyal al-handasiyya) Hardcover – December 31, 1973 by Ibn al-Razzaz al-Jazari (Author), Donald R. Hill (Translator). Erişim:[http://www.amazon.com/Book-Knowledge-Ingenious-Mechanical-Devices/

dp/9027703299]. Erişim Tarihi: 11.04.2016

Toprak, ZF., Korkutata, Y. and Çakır, E. 25-27 June 2013. Lost Genius in History of Science (Al Jazary), International Science and Technology Conference (ISTEC 2013), Mercure West Rome Hotel, Rome – Italy.

Unat, Y. 2002. Teknoloji Tarihinde Cezeri'nin Öncülleri. Bilim ve Ütopya, Sayı (91):12–18.

Unat, Y. 2002. Cezeri'nin Yapıtı. Bilim ve Ütopya, (91): 19-23.

Unat, Y. 2002. El-Cezeri'nin, Makine Yapımında Yararlı Bilgiler ve Uygulamalar Adlı Eseri. Türkler, Cilt 7, Yeni Türkiye Yayınları, s. 569-575.

Unat, Y. 2004. Cumhuriyet Dönemi Türk Teknoloji ve Mekanik Tarihi Çalısmaları. Türkiye Arastırmaları Literatür Dergisi, 2(4): 233–263.

Unat, Y. 2007. El-Cezeri Belgeseli Röportajı.

Uzun, A. 2011. İsmail El Cezeri ve Otomasyon Sistemleri. Konya Kültür A.Ş.

Vukobratovic, M. 12 May 2009. Robot Environment Dynamic Interaction Survey and Future Trends. Mihailo Pupin Institue, Belgrade, Serbia.

Wiedemann, E. 1915. Über die Uhren im Bereich der islamischen Kultur. Nova Acta, Abhandlungen der Kaiserlich Leopoldinisch-Carolinischen Deutschen Akademie der Naturforscher, C/5 [Halle].

Wiedemann, E. 1918. Über Trinkgefässe und Tafelaufsätze nach al-Gazari und den Banû Mûsà, Der Islam.

White, L. 1962, Medieval Tecnology and Social Change, Oxford .

Wiener, N. 1948. Cybernetics, or Control and Communication in the Animal and the Machine. Cambridge: MIT Press.

Yaşın, A. 2007. El-Cezeri Belgeseli Röportajı.

Yaşın, A. 2012. Büyük Kürt Mucit Cizreli İsmail Ebul-İz. Kent Işıkları.

Yaşın, A. 2012. Ebul-İz'in Bilime Katkıları. Uluslararası Bilim Düşünce ve Sanatta Cizre Sempozyumu.

Yaşın, A. Erişim : [www.abdullahyasin.org/ebul-z-el-cezeri]. Erişim Tarihi: 25.08.2012

Özgeçmiş

Yusuf KORKUTATA

1980 yılında Bingöl'de doğdu. İlk ve ortaöğrenimini Bingöl'de tamamladı. 2005 yılında Dumlupınar Üniversitesi Mühendislik Fakültesi İnşaat Mühendisliği Bölümü'nden mezun oldu. Kısa bir süre özel sektörde çalıştıktan sonra askere gitti. 2006 yılında askerlik görevini kısa dönem olarak Osmaniye'de tamamladıktan sonra aynı yıl Devlet Su İşleri (DSİ) Genel Müdürlüğüne bağlı taşra teşkilatında İnşaat Mühendisi olarak göreve başladı. Aynı Kurumun değişik birimlerinde görev yaptı. 2006-2008 yılları arasında DSİ 10. Bölge Müdürlüğü 102. Şube Müdürlüğünde (Nusaybin), 2008-2011 yılları arasında DSİ 10. Bölge Müdürlüğü Barajlar ve HES Şube Müdürlüğünde (Diyarbakır) Kontrol Mühendisliği görevlerinde bulundu. 2011-2015 yılları arasında DSİ 10. Bölge Müdürlüğü 104. Şube Müdürlüğünde (Siirt) kurucu Şube Müdürü olarak görev yaptı. 2015-2016 yılları arasında DSİ 24. Bölge Müdürlüğünde (Kars) Bölge Müdür Yardımcısı olarak görev yaptı. 2012 yılında Dicle Üniversitesi Fen Bilimleri Enstitüsü İnşaat Mühendisliği Anabilim Dalında yüksek lisans eğitimini tamamlayarak mezun oldu. Ayrıca, 2016 yılında Anadolu Üniversitesi İşletme Fakültesi Kamu Yönetimi Bölümünden mezun olarak 2. Lisans eğitimini tamamladı. Evli ve 2 çocuk babasıdır.

Özgeçmiş

Z. Fuat TOPRAK

İnşaat Mühendisi, akademisyen... İlgi alanları genel olarak hidroloji, su kaynakları, bulanık mantık, istatistik ve küresel iklim değişikliğidir.

Dr. Toprak 8 Ekim 1967 tarihinde Diyarbakır'ın Hızırilyas Köyünde doğdu. İlköğrenimine Hızırilyas Köyü İlkokulunda başladı ve tüm yılları birincilikle tamamladı. Ortaokulu Diyarbakır Ali Emiri Ortaokulu'nda vakıflar yurdunda kalarak, liseyi ise Gaziantep Lisesi'nde devlet parasız yatılı olarak tamamladı. Üniversite öğrenimini, Dicle Üniversitesi Mühendislik Fakültesi İnşaat Mühendisliği Bölümü'nde tamamladıktan sonra kısa bir süreliğine özel sektörde çalıştı. Daha sonra okuduğu bölümde araştırma görevlisi oldu. Yüksek lisansını Fırat Üniversitesi'nde 1994 yılında tamamladıktan sonra askerlik süresi de dâhil 6 yıl akademik çalışmalarına ara vermek zorunda kaldı. 1998-1999 öğretim yılında İstanbul Teknik Üniversitesi bünyesinde İngilizce hazırlık okudu. 1999-2000 öğretim yılında İTÜ'de başladığı doktora çalışmasını 2004 yılında tamamladı. Doktorasının ardında, Dicle Üniversitesi Mühendislik Fakültesi İnşaat Mühendisliği Bölümünde önce doktor araştırma görevlisi, sonra yardımcı doçent, daha sonra doçent olarak görev yaptı. Dört yıl süre ile bölüm başkan yardımcılığı görevinde bulundu.

2001-2016 yılları arasında, kendi alanında çok sayıda akademik çalışma yaptı. Uluslararası literatüre kendi adı ile anılan iki yöntem ve dört kavram (konsept) kazandırdı. Bu yöntemlerden birincisi orijinal adı ile "Simple Membership Functions and Fuzzy Rules Generation Technique (SMRGT)" olup bulanık modellemede üyelik fonksiyonları ve bulanık kural tabanının belirlenmesine yöneliktir. İkincisi ise orijinal adı ile "Zoom

Function Technique (ZFT)" olup içme suyu şehir şebekelerinde su kayıp ve kaçaklarının belirlenmesine yöneliktir. Kavramlar ise orijinal adları ile sırasıyla "climatic identity", "time coefficient", "stream coefficient", and "ideal velocity" olup birincisi küresel iklim değişikliği, ikinci ve üçüncüsü yeterli ölçümü olmayan akarsularda debinin belirlenmesi, dördüncüsü ise boru ve açık kanal akımlarında kesit içerisindeki hız dağılımı ile ilgilidir. Genel olarak hidroloji, su kaynakları, küresel iklim değişikliği, bulanık mantık ve istatistik alanında yaptığı bu çalışmalardan dört tanesi top 25 (en iyi 25 makale) listelerinde birinci, dördüncü, altıncı ve sekizinci sırada yer aldı. 30'u aşkın uluslararası dergiye hakemlik, beş dergiye de editör veya editör yardımcılığı yaptı. 2004 yılında British Hydrological Society (BHS) ve Balkan Water Observation and Information System (BALWOIS) tarafından burslu olarak İngiltere'ye ve Makedonya'ya aynı adlı konferanslara katılmak üzere gitti. Bunun yanında ABD, Rusya, Avustralya, Hindistan, Mısır, Cezayir ve İtalya başta olmak üzere 15'i aşkın ülkede düzenlen 100'ün üzerinde bilimsel kongre, konferans, panel ve benzeri bilimsel etkinlikte konuşmacı olarak yer aldı. Bir kısmına davetli konuşmacı olarak çağırıldığı bu toplantılarda, panel yöneticiliği, raportör, oturum başkanlığı gibi görevlerde bulundu. 2013 yılında davetli konuşmacı olarak çağırıldığı Amerika Birleşik Devletleri'nde düzenlenen "International Conference on Hydrology & Groundwater Expo" adlı uluslar arası konferansın "ünlü konuşmacılar" listesinde yer aldı. 2014 yılında Rusya'nın Ural Federal Üniversitesi İnşaat Fakültesi tarafından Küresel İklim Değişikliği üzerinde seri konferanslar vermek üzere davet edildi. 2014 yılında Mevlana Öğretim Elemanı Değişim Programı kapsamında Ural Federal Üniversitesinin Doğa Bilimleri Enstitüsü'nün İklim ve Çevre Fiziği Laboratuarı'nda, "Küresel iklim değişikliği", "İklim değişikliğinin iklimsel kimlik değerlendirmesi", "Akarsularda boyuna dispersiyon" ve

"Yetersiz ölçümlere sahip havzalarda aylık akımların modellenmesi" konularında seri konferanslar verdi. 2014 yılında Ural Federal Üniversitesi Doğu Dilleri Enstitüsü Türk Dili ve Edebiyatı Bölümü'nde öğretim teknikleri üzerine bir ders yaptı. 5. Dünya Su Forumunda ulusal düzeyde alt başlık sorumlusu olarak görev aldı. Ulusal düzeyde bir sempozyumun (BMYS 2010) yürütme kurulu başkanlığını yaptı, ulusal ve uluslar arası onlarca bilimsel toplantının bilim ve düzenleme kurullarında yer aldı. TÜBİTAK tarafından desteklenen birçok projeye hakemlik, panelistlik ve proje danışmanlığı yaptı.

İnşaat Mühendisleri Odası (TMMOB), Türkiye Ulusal Hidroloji Komitesi (TUHK), İTÜ Bulanık Mantık ve Teknolojisi Kulübü (BUMAT), DÜ Doğal Afetler Araştırma ve Uygulama Merkezi (DAFAM), Türkiye Bulanık Sistemler Derneği (BUSİDE), Mimarlar ve Mühendisler Grubu (MMG) ve Amerika İnşaat Mühendisleri Odası (ASCE) gibi meslek kuruluşlarına üye oldu. Bunlardan üç tanesinin (BUMAT, BUSİDE, DAFAM) kurucular kurulunda yer aldı, bir tanesinin de (BUMAT) bir dönem başkanlığını yürüttü.

Dicle Üniversitesi 2008 ve 2010 yılları Akademik Performans Ödülü alan Dr. Z. Fuat Toprak; halen Dicle Üniversitesi Mühendislik Fakültesi İnşaat Mühendisliği Bölümü Hidrolik Anabilim dalında öğretim üyesi olarak görevine devam etmektedir. Satranç oynar, şiir yazar, kitap okumayı ve seyahat etmeyi sever. Üç dil bilmektedir.

FSC
www.fsc.org
MIX
Papier | Fördert gute Waldnutzung
FSC® C083411

Kolibri 360 GmbH
Ferdinand-Jühlke-Straße 7
99095 Erfurt, Deutschland
produktsicherheit@kolibri360.de

Druck:
CPI Druckdienstleistungen GmbH
im Auftrag der
Kolibri 360 GmbH
Ferdinand-Jühlke-Str. 7
99095 Erfurt